ISBN 978-1-970827-01-9

Living University of Terrain - published

Diseño de portada: Sandy Kerstupp

Colección Los Cuadernos de la LUT – Living University of Terrain. – noviembre 2025

www.universityofterrain.com

LOS CUADERNOS DE LA LUT

CUADERNO

Nº 4

LA NATURALEZA DE LA REALIDAD

Del éter a la vida, de los sistemas complejos al alma.

Paco Vinagre Benito

2025

Contenido

DESCARGO DE RESPONSABILIDAD DEL AUTOR

Este material se ha creado únicamente con propósito educativo. Ni el autor ni el editor están dando ningún tipo de consejo médico, terapéutico o de ningún otro tipo. El autor y el editor proporcionan esta información y el lector lo acepta con la comprensión de que todo lo que haga en relación a la información aquí proporcionada es únicamente responsabilidad del lector, quien lo hace aceptando sus propios riesgos. Ni el autor ni el editor tienen ninguna responsabilidad con respecto a ninguna persona o institución, en relación con ninguna pérdida, daño o lesión causada o atribuida directa o indirectamente a la información contenida en este libro.

PRÓLOGO (Por Ana María Oliva)

Como fundadora y directora de la LUT (Living University of Terrain), me gusta conocer de cerca los conocimientos que impartimos y compartimos. Cuando Artur Sala me presentó a Paco Vinagre, y me propuso que impartiéramos el curso de Holosofía, que sintetiza magistralmente el camino entre la ciencia y la mística, para la transformación completa del ser humano, me pareció interesante. La verdad es que acepté más por la confianza en Artur que porque yo conociera personalmente a Paco Vinagre. No lo conocía. Pero confío ciegamente en Artur. Y no sabía lo que me perdía.

A lo largo de los años he ido conociendo con mayor profundidad su mensaje. Su ecuanimidad, que tanto desafía a alguien apasionado como yo. Su perfecto equilibrio entre ciencia y consciencia. Su profundo conocimiento sobre la *psique* humana. Y cada vez me fue gustando más.

En 2025 decidimos hacer un curso multiprofesor, donde cada uno de los profesores de la LUT pudiera explicar, de forma muy resumida, su mirada sobre la vida, un mini-resumen de cada uno de los cursos que ofrecemos. Paco comenzó con esa clase magistral que tanto me enamora que se llama "del éter a la vida", luego siguió con los sistemas complejos, y terminó con el "terreno emocional". Hasta ahí todo normal. Entonces decidí escuchar lo que había compartido. Es un desafío explicar en 3 clases lo que explicas en 9 meses. Y más aún hacerlo con personas que son totalmente legas en esos contenidos. Paco lo hizo. Lo bordó. Lo que escuché me gustó tanto que le pedí que lo pusiéramos en un mini curso que se llamaría "la Naturaleza de la Realidad". Un mini curso (no tan mini, al final es un curso introductorio con un montón de material complementario para quien quiera profundizar) que me pareció que es de esos que llamamos "Básicos", por aquello de que es un contenido que todo el mundo debería saber.

Y claro, luego pensé que podría ser una buena idea convertirlo en un cuaderno, un formato de bolsillo donde consultar las cosas de forma rápida e indeleble. Y este es el cuaderno que estás leyendo en este momento. El cuaderno n.º 4 de nuestra colección. Es el fruto de muchas horas de trabajo y de disfrute. Porque eso es lo que más nos gusta, crear y compartir lo que creamos.

Deseo que las próximas páginas te inspiren, te ayuden y te hagan comprender un poco más que sí, somos creadores de realidad.

Capítulo 1

El origen de la vida

Introducción: De la esencia primordial al surgimiento de la vida

"Comprender el origen de la vida es comprendernos a nosotros mismos."

Hay una pregunta que es tan antigua como la propia humanidad: **¿de dónde surge la vida?** Lejos de considerarla un fenómeno aislado o accidental, **la vida es una expresión inevitable del orden cósmico**, una manifestación de una autoorganización subyacente que atraviesa todas las formas. Esa inteligencia, a la que las antiguas tradiciones llamaron **Éter, pneuma o akasha**, es descrita como **la esencia primordial de la que todo emana.**

El propósito de este capítulo es **revisar las bases del paradigma científico actual** y cuestionar sus supuestos más profundos. El pensamiento mecanicista —heredero del siglo XVII— ha intentado explicar el mundo reduciéndolo a materia mecánica y azar. Pero esa visión ha fragmentado nuestra comprensión de la realidad, separando lo que en verdad es indivisible: **energía, consciencia y vida.**

> *"El error no está en la ciencia, sino en el marco filosófico que la sostiene."*

La ciencia moderna, al descartar el Éter, **perdió el puente que unía lo visible con lo invisible.** En la física clásica, el Éter era considerado el medio continuo que transmitía la luz y el movimiento; en la visión de los antiguos, era **el tejido mismo del Ser, del cosmos**, la sustancia de la que surgen la materia y el espíritu. Negar su existencia ha dejado a la biología y a la cosmología **sin un principio organizador**, obligándolas a recurrir al azar como sustituto de la inteligencia emergente universal.

> *"El azar es el nombre que damos a nuestra ignorancia del orden."*

Así, el origen de la vida no puede explicarse mediante modelos puramente físico-químicos. Las moléculas, por sí solas, no bastan para generar organización; **deben existir principios de resonancia y coherencia** que guíen su comportamiento hacia la forma viva. Ese principio ordenador —esa tendencia natural hacia la complejidad— **no contradice la ciencia, la completa.**

La tarea de este capítulo será, entonces, **reconstruir el hilo perdido entre el Éter y la vida**, mostrando que la aparente distancia entre la materia inerte y el organismo consciente **es una ilusión del pensamiento moderno.** La vida no aparece "de la nada", sino que **emerge del campo de información y energía que la precede y la sustenta.** Entender esto no es un ejercicio teórico: es **una revolución de la mirada**, un cambio de paradigma que nos devuelve al corazón del misterio.

A lo largo del capítulo revisaremos **cómo las distintas culturas y épocas han comprendido este vínculo entre materia y espíritu**, desde los filósofos griegos hasta la biología contemporánea. Esa revisión no pretende contradecir a la ciencia, sino **liberarla de los límites de su propio dogma.** Porque solo una ciencia reconciliada con la filosofía y la consciencia podrá responder a la pregunta fundamental: "¿Qué es la vida, y qué la hace posible?"

> *"El universo no produce vida como excepción,*
> *sino que la vida es la forma en que el universo se reconoce a sí mismo."*

La vida no surge de la nada: la herencia filosófica griega

> *"Nada puede surgir de la nada. Y algo que existe, tampoco se puede convertir en nada."*
> — Parménides

Quiero comenzar este apartado con una verdad que atraviesa la historia del pensamiento occidental: **la vida no puede surgir de la nada.** Esta idea, evidente para los filósofos griegos (sobre todo los presocráticos, que eran místicos), fue el punto de partida de toda su cosmología y su física. Para ellos, el universo no era una creación repentina ni un conjunto de fenómenos aislados, sino **una totalidad viva, eterna y en transformación continua.**

Anaximandro hablaba del *ápeiron*, lo indefinido, como la sustancia originaria que engendra todas las cosas por separación de opuestos.

Parménides sostenía que el Ser (el Cosmos) es, y no puede no ser. Nada puede surgir de la nada, porque la nada —dice— **no existe.**

Empédocles, por su parte, afirmaba que **todo cuanto existe es mezcla y separación de los mismos cuatro elementos primordiales, regidos por las fuerzas del Amor y la Discordia.**

Demócrito proponía que todo está compuesto por átomos eternos que se mueven en el vacío (la condición de posibilidad de toda forma), componiendo los cuerpos por combinaciones y choques.

Y Aristóteles, mucho después, completó esa visión afirmando que **la materia no se actualiza sin forma, ni la forma existe sin materia**.

La vida, por tanto, no es un accidente químico: **es la consecuencia natural de un orden preexistente.**

> *"El pensamiento antiguo no conocía el vacío; conocía el Éter."*

Esta concepción —en apariencia simple— encierra una profundidad que la ciencia moderna ha olvidado. Los griegos no concebían el vacío como ausencia, sino como **espacio lleno de energía y potencia creadora.** El Éter, para ellos, era el medio que unía todas las cosas, **la**

sustancia invisible que daba continuidad al universo. De esa esencia —eternamente viva— surgía todo: la materia, el movimiento y, finalmente, la consciencia.

Al comparar esa visión con la ciencia contemporánea, podemos advertir una paradoja: la física cuántica moderna, después de haber negado el Éter a principios del siglo XX, **ha redescubierto su equivalente** en el llamado "vacío cuántico". Pero mientras los antiguos lo consideraban **pleno y animado**, la ciencia actual lo describe con un lenguaje impersonal y estadístico. El vacío cuántico, repleto de movimiento, **no es la nada**; es **un océano de energía potencial.** Sin embargo, la ciencia moderna comete el error filosófico de **confundir ese vacío energético con la nada.**

> *"El universo cuántico está lleno de movimiento, pero vacío de sentido."*

El problema no radica en los descubrimientos, sino en la interpretación. La ciencia, al desligarse de la filosofía, de la ontología, ha perdido la capacidad de **dar significado al conocimiento.** Explica el fenómeno, pero **no comprende lo que es o su propósito.** Así, puede describir con precisión cómo se mueven las partículas, pero no por qué **ese movimiento genera vida.**

Los griegos no necesitaban imaginar un "milagro" para explicar el surgimiento de la vida, porque **consideraban que el universo mismo era un ser vivo.** El alma del mundo —el *anima mundi*— impregnaba cada piedra, cada planta, cada célula futura. No existía la dicotomía entre materia y espíritu, porque **todo era manifestación**

de una misma esencia. Esa visión unitaria permitió durante siglos una ciencia vinculada a la sabiduría, una física inseparable de la metafísica.

La ruptura moderna con ese paradigma comenzó cuando la filosofía fue sustituida por la medición, y la sabiduría, por la utilidad. La pregunta dejó de ser *"qué es la vida"* para convertirse en *"cómo funciona la vida"*. Pero conocer el cómo sin comprender el qué o el porqué **es conocer a medias.**

> *"El hombre moderno ha disecado la vida para estudiarla, y en ese intento, la ha perdido."*

La herencia griega nos recuerda que el universo no necesita un creador externo ni un azar ciego para producir vida. La vida es **una propiedad inherente al ser mismo.** Y cuando comprendemos esto, recuperamos el hilo que une el pensamiento antiguo con la biología moderna, el hilo que conecta la sabiduría de los presocráticos con la ciencia del futuro.

> *"La vida no comenzó un día; siempre ha estado.*
> *Cambian las formas, se transforman los cuerpos,*
> *pero la esencia permanece. Nada surge de la nada,*
> *porque el ser nunca deja de ser."*

De la Grecia clásica al Renacimiento: continuidad de la generación espontánea

> *"Durante más de dos milenios, la humanidad creyó que la vida surgía por sí misma. Solo la modernidad decidió llamarlo imposible."*

La idea de que **la vida surge de la vida** —y no de la nada— fue compartida y defendida a lo largo de toda la historia del pensamiento, desde Grecia hasta el Renacimiento. Durante más de dos mil años, la noción de generación espontánea no fue considerada una superstición, sino una evidencia natural. Los filósofos antiguos y los naturalistas medievales observaban que la naturaleza parecía generar formas vivas de manera continua: gusanos que brotaban del fango, mohos que aparecían en la fruta, larvas que emergían en la carne en descomposición. Estas observaciones, interpretadas con la filosofía de la época, se entendían como manifestaciones de **la vitalidad intrínseca de la materia.** La vida no era vista como un milagro externo, sino como **la tendencia inherente de la naturaleza a organizarse.**

> *"La generación espontánea era, en realidad, el reconocimiento empírico de que la materia está viva."*

Con el paso de los siglos, esta visión fue mantenida por figuras tan diversas como **Aristóteles, Plotino, Avicena y Paracelso**, y más tarde por naturalistas del Renacimiento que consideraban que **la materia poseía una energía interior capaz de animarse por sí misma.** La idea de que la vida podía surgir del barro, del agua o del aire **no era una fantasía, sino una expresión poética del principio vital universal.** En esa época, **ciencia, filosofía y espiritualidad aún formaban una sola corriente.**

Sin embargo, a partir del siglo XVII, con la consolidación del método mecanicista de **Descartes, Bacon y Newton (aunque es dudoso que fuese su enfoque real, porque la mayor parte de su obra fue sobre alquimia)**, esa unidad comenzó a fragmentarse. La nueva ciencia buscaba precisión, control y predicción, y para lograrlo **redujo la naturaleza a máquina.** La materia fue despojada de alma, y la vida, convertida en un fenómeno mecánico más. El universo dejó de ser un organismo vivo para transformarse en **un reloj que alguien había dado cuerda.**

> *"La ciencia moderna nació el día en que se decidió que el alma no era medible."*

Esa reducción trajo grandes avances técnicos, pero también **una pérdida de significado.** La biología heredó de ese paradigma una profunda contradicción: por un lado, necesita afirmar que la vida **surgió de la materia inerte**, pero por otro, **no puede explicar cómo esa materia se volvió viva.** Así, el pensamiento moderno, en su intento por negar la generación espontánea, **acabó afirmando un milagro aún mayor:** que del caos químico surgió, por azar, la organización perfecta del ADN y la célula.

Durante el Renacimiento y los siglos posteriores, **figuras como Jan Baptista van Helmont, Francesco Redi y Lazzaro Spallanzani** realizaron experimentos que buscaban comprender el fenómeno de la generación espontánea. Algunos la apoyaban; otros la rechazaban. Pero incluso quienes la negaban **seguían pensando en una naturaleza activa**, no en una materia muerta. Redi, por ejemplo, demostró que las larvas no nacían de la carne por sí sola, sino de huevos de insectos; sin embargo, **no negó la posibilidad de una fuerza vital latente** que animara lo orgánico bajo ciertas condiciones.

Esa tensión entre observación y creencia se mantuvo hasta bien entrado el siglo XIX. En el fondo, el debate no era experimental, sino **metafísico:** ¿la vida es una propiedad de la materia o una chispa que le es añadida desde fuera? La ciencia moderna, heredera del cartesianismo, eligió la segunda opción, y en ese gesto **rompió el hilo de continuidad con toda la tradición antigua.**

> *"El mecanicismo mató a la naturaleza*
> *para poder estudiarla."*

Esta ruptura **se perdió la visión orgánica del universo.** La materia pasó a ser considerada inerte, pasiva, sin inteligencia, y el espíritu, algo separado, invisible y sin conexión con lo físico. Esa división, que parecía práctica, **se convirtió en una fractura del pensamiento occidental.** Desde entonces, la ciencia y la filosofía caminaron por sendas paralelas, ignorando que el misterio de la vida exige ambas miradas.

"El Renacimiento fue la última época en la que el alma aún formaba parte del mundo natural. Después, el universo fue despojado de vida, y el hombre, al mirar a la materia sin alma, olvidó que también estaba mirando su propio reflejo."

Darwin, Huxley y el conflicto entre ciencia y religión

"Entre Dios y el azar, la ciencia moderna no ha sabido elegir otra cosa que un dogma."

El siglo XIX marcó **una ruptura definitiva entre la ciencia y la tradición espiritual.** Con **Charles Darwin**, el pensamiento occidental entró en una nueva era, en la que la vida dejó de verse como obra de una inteligencia creadora y pasó a entenderse como **resultado de una competencia ciega y sin propósito.**

Darwin no fue el primero en buscar una explicación natural al origen y evolución de la vida, pero su obra, *El origen de las especies*, publicada en 1859, **dio forma a un paradigma que aún domina la biología moderna.** Según su teoría, todas las formas vivas habrían surgido a partir de procesos graduales de **mutación y selección natural**, guiados únicamente por el azar y el tiempo. No había propósito, ni dirección, ni sentido. El universo biológico se convirtió en una inmensa máquina de supervivencia.

> *"El darwinismo reemplazó a Dios por la casualidad, pero dejó intacta la estructura de la fe."*

En realidad, **el darwinismo no eliminó la religión: la sustituyó.** Donde antes se hablaba de voluntad divina, ahora se hablaba de **selección natural**; donde antes se decía "designio", se afirmaba "adaptación"; y donde antes había una jerarquía espiritual, apareció **una jerarquía biológica.** La narrativa siguió siendo la misma: un orden superior que juzga, selecciona y elimina, solo que ahora sin alma. Por eso, el darwinismo y el protestantismo **comparten un mismo trasfondo ideológico:** el éxito como signo de salvación.

> *"El más apto es, en el fondo, el elegido."*

El pensamiento de Darwin, amplificado y defendido con vehemencia por **Thomas Huxley** —conocido como "el bulldog de Darwin"—, se convirtió rápidamente **en una bandera cultural.** La teoría de la evolución fue usada no solo como modelo biológico, sino también como **justificación social y económica.** En pleno auge del capitalismo industrial, la idea de "supervivencia del más apto" sirvió para legitimar la competencia, la desigualdad y el dominio de unos pueblos sobre otros. La biología fue la escusa para consolidar una ideología: **el darwinismo social.**

> *"La ciencia se convirtió en la nueva teología, y el azar, en su dios invisible."*

En este contexto, figuras como **Louis Pasteur** representaron el extremo opuesto del debate. Pasteur, profundamente religioso, rechazaba la idea de que la vida pudiera surgir de la materia inerte. Su famoso experimento con los matraces de cuello de cisne —donde demostró que los microorganismos no aparecían espontáneamente— fue interpretado como prueba de que **la vida solo proviene de la vida.** Sin embargo, su victoria experimental **no resolvía el dilema filosófico de fondo.** El conflicto entre Darwin y Pasteur no era científico, sino **metafísico:** ¿la vida es fruto de una inteligencia o de un accidente?

El siglo XIX, con su fervor racionalista, **transformó esa pregunta en un campo de batalla ideológico.** La ciencia, en su afán por emanciparse de la religión, **adoptó sus mismas estructuras de dogma.** Ambas visiones —creacionista y darwinista— comparten una raíz común: la idea de un origen externo a la vida misma. Para el creyente, ese origen es Dios; para el darwinista, el azar y la necesidad. Pero en ambos casos, **la vida sigue siendo un efecto, no una causa.**

> *"El creacionismo atribuye la vida a un*
> *dios trascendente;*
> *el darwinismo, a un azar trascendental.*
> *Ninguno reconoce la vida como*
> *fundamento del universo."*

Esta polarización —entre fe religiosa y fe científica— **ha esterilizado el pensamiento moderno.** Ambas corrientes, al enfrentarse, **han olvidado el centro común:** la experiencia directa de lo vivo. La ciencia se ha quedado sin alma; la religión, sin fundamento racional. Y entre ambas, **la comprensión profunda de la vida se ha perdido.**

> *"El siglo XIX mató a Dios para coronar al azar.*
> *Pero el azar no explica la belleza de una flor, ni la coherencia de una célula, ni la inteligencia del cosmos. Hasta que no recuperemos la visión unitaria del universo,*
> *seguiremos discutiendo si la vida fue creada o accidental,*
> *cuando la verdad es que siempre ha sido."*

La abiogénesis moderna: del experimento de Miller a la improbabilidad matemática

> *"Si la vida fuera producto del azar, la estadística ya habría demostrado su imposibilidad."*

Tras el auge del darwinismo y la consolidación de la biología molecular en el siglo XX, **la ciencia volvió a enfrentarse con el problema del origen de la vida.** El dilema persistía: si la vida no puede surgir de la nada, ¿cómo explicar su primera aparición en la Tierra? En ese contexto, surgió el concepto moderno de **abiogénesis**, es decir, la hipótesis de que **la vida habría emergido espontáneamente de la materia inerte** bajo determinadas condiciones físico-químicas.

El punto de partida fue el famoso **experimento de Miller y Urey** (1953), que intentó reproducir en laboratorio las condiciones de la atmósfera primitiva. Introduciendo metano, amoníaco, hidrógeno y vapor de agua en un sistema cerrado, y aplicando descargas eléctricas para simular rayos, lograron obtener **aminoácidos simples**, los componentes básicos de las proteínas. Durante décadas, este experimento fue presentado como **una prueba del origen químico de la vida.** Sin embargo, **no se obtuvo vida, ni nada que se le pareciera.** Lo que se produjo fueron moléculas aisladas, incapaces de organizarse por sí mismas en estructuras coherentes.

"El experimento de Miller no creó vida, sino una ilusión de comprensión."

Desde entonces, la ciencia ha multiplicado los modelos y teorías: el "**mundo del ARN**", que sostiene que las primeras formas vivas fueron moléculas autorreplicantes; la hipótesis de las **burbujas de lípidos**, según la cual la vida surgió dentro de vesículas primitivas; las teorías **del hierro y el azufre** de Wächtershäuser, que imaginan la vida naciendo en fuentes hidrotermales; y, finalmente, la **panespermia**, que sugiere que las semillas de la vida llegaron del espacio exterior. Pero todas estas propuestas, **evaden el verdadero problema:** ¿cómo puede un conjunto de moléculas inertes adquirir consciencia, metabolismo y capacidad de replicarse?

"Explicar el origen de la vida con química es como explicar una sinfonía con la tabla periódica."

El discurso científico dominante ha intentado sostener que **el tiempo y el azar** bastan para resolver el misterio. Si el universo es lo suficientemente antiguo, dicen, lo improbable se vuelve posible. Pero **la improbabilidad estadística no desaparece por repetición:** aunque se multipliquen los intentos, **la formación espontánea de un organismo vivo sigue siendo matemáticamente absurda.**

Podemos poner como ejemplo los cálculos realizados por **Ilya Prigogine** y otros físicos del caos: la probabilidad de que una sola proteína **funcional** se forme por azar es **tan baja que supera la escala del universo observable.** Y si consideramos la complejidad de una célula completa —con miles de enzimas, membranas, códigos genéticos y sistemas de regulación—, **el azar deja de ser una explicación, incluso en teoría.**

> *"La vida no puede ser fruto de una improbabilidad infinita; debe ser una consecuencia natural del orden."*

En su intento por mantener el paradigma materialista, **la ciencia sustituyó el Éter por el azar.** Las formas materiales que antes se atribuía a una inteligencia cósmica, ahora se confían a la probabilidad. Pero esa sustitución no resuelve el enigma: **solo cambia su vocabulario.** La pregunta esencial permanece intacta: ¿cómo una reacción química puede generar propósito, coherencia y sentido? La materia, por sí sola, **no tiene dirección ni memoria.** La vida, en cambio, **es orden, comunicación y finalidad.**

En este punto, debemos introducir una distinción crucial: la diferencia entre **estructura** y **organización.** La estructura puede describirse con leyes físicas; la organización pertenece al **ámbito** de la información, de la relación entre las partes. Y esa relación **no surge de la materia, sino de la consciencia que la atraviesa.** El error de la biología moderna ha sido **confundir la descripción con la causa.**

> *"Podemos describir cómo funciona la vida, pero no por qué comenzó a funcionar."*

Pensadores como **Harold Morowitz** y el propio **Prigogine** reconocieron **que** los sistemas vivos muestran un tipo de organización que **no se deriva del equilibrio físico**, sino que **lo trasciende.** La vida no viola la termodinámica: **la expande.** Se comporta como un sistema abierto, capaz de reducir la entropía local a costa de aumentar la del entorno, lo cual **implica un intercambio constante de información con el cosmos.** Desde esta perspectiva, **la vida no surge de la materia, sino dentro de ella, como una reorganización del orden universal.**

> *"El universo no produce vida por azar, sino porque la vida es su manera de organizarse."*

"Después de **siglos** de ciencia, seguimos sin poder crear vida.
Y tal vez la razón sea que la vida no se crea: se revela allí donde la materia alcanza la resonancia suficiente para manifestarla.

Lo que llamamos origen no es un comienzo, sino una transición: el instante en que el universo recuerda que está vivo."

La célula: el enigma no resuelto de la biología

"La célula es el templo donde la materia se hace consciente."

Se dice que, si la biología pretende explicar el origen de la vida, **debería comenzar por comprender la célula.** Sin embargo, después de siglos de estudio y millones de observaciones al microscopio, **seguimos sin saber qué es realmente la vida celular.**

El descubrimiento de la célula en el siglo XVII, gracias a los trabajos de **Robert Hooke y Anton van Leeuwenhoek**, reveló un mundo invisible que parecía contener el secreto de la existencia. Durante siglos se pensó que bastaría con analizar su estructura para comprender el fenómeno vital, pero cuanto más se profundiza en su complejidad, **más misteriosa se vuelve.** Cada célula es un microcosmos organizado, capaz de mantener su equilibrio, reproducirse, repararse y comunicarse con su entorno. Es un sistema complejo y completo, pero al mismo tiempo **parte de una totalidad mayor.**

"Una célula es más inteligente que cualquier máquina que hayamos construido."

La biología moderna ha intentado explicar esa complejidad desde un paradigma **mecanicista y reduccionista.** Durante décadas se enseñó que la célula es un "saco de enzimas", un conjunto de reacciones químicas encerradas por una membrana. Sin embargo, esa imagen es tan simplista que hoy resulta insostenible. En el interior celular no hay azar, ni desorden, ni improvisación. Todo está coordinado con precisión matemática: cada molécula llega a su lugar exacto en el momento adecuado, cada reacción ocurre dentro de un entramado de relaciones tan ordenadas que **superan cualquier modelo computacional.**

> *"La célula no es una máquina: es una sinfonía."*

El metabolismo celular no puede entenderse únicamente como suma de **procesos** químicos, porque **su funcionamiento depende de la información, la forma y el campo.** Las enzimas y proteínas no actúan aisladas, sino **en redes dinámicas de cooperación.** La velocidad, dirección y eficiencia de esas reacciones **no se explican por difusión aleatoria**, como postula la bioquímica clásica, sino por **mecanismos de resonancia, afinidad y coherencia.** Es como si la célula **"supiera"** lo que tiene que hacer.

La ciencia moderna, al enfrentarse con esta organización, ha intentado **resolver** el misterio multiplicando descripciones: secuencias de ADN, modelos de señalización, mapas metabólicos. Pero **ninguna descripción sustituye a la comprensión.** Podemos conocer el genoma completo de una célula y, aun así, **no**

entender su inteligencia. El ADN contiene instrucciones, pero no consciencia; las moléculas obedecen leyes físicas, pero **no eligen colaborar.** Algo —una fuerza, una información más sutil— **coordina el conjunto.**

> *"El error de la biología moderna es confundir el código con el mensaje."*

Esa fuerza organizadora solo puede explicarse si se acepta que **la materia está inmersa en un campo de información no local**, un principio que antiguamente se llamaba **Éter** y que hoy podría compararse con **el campo cuántico o el vacío estructurado.** Desde ese campo, cada partícula recibe y emite información, y la célula actúa como **una antena resonante**, capaz de sincronizarse con la totalidad.
Esa resonancia, y no el azar molecular, sería el origen real de la coherencia biológica.

> *"La vida no está dentro de la célula: la atraviesa."*

Esta visión no contradice los descubrimientos de la biología moderna; al contrario, **los hace inteligibles.** Los fenómenos de comunicación celular, los patrones de autoorganización y la estabilidad del metabolismo solo pueden comprenderse si se reconoce **la existencia de una información que guía desde niveles más profundos.** Prigogine llamó a estos sistemas "estructuras disipativas": organizaciones que **mantienen el orden lejos del equilibrio termodinámico** gracias a un flujo constante de energía. Pero esa definición, aunque correcta, sigue siendo incompleta: describe el *cómo*, pero no el *por qué.*

La célula no se organiza solo para persistir, sino **para expresar algo.** La vida no busca solo sobrevivir: **busca manifestarse.**

> *"El propósito de la célula no es vivir: es recordar la vida."*

"Después de siglos de disecciones, seguimos sin poder definir qué es la vida. La célula, esa pequeña unidad que sostiene todos los organismos, nos recuerda que la existencia no se reduce a mecanismos ni a moléculas. En su interior late un orden invisible, una inteligencia que no podemos medir, pero que podemos reconocer en la coherencia de todo lo que vive. Comprender la célula no es un problema técnico: es una cuestión de consciencia. Porque al mirar dentro de ella, lo que en realidad estamos mirando es el espejo del universo."

Capítulo 2

El agua como puente entre el Éter y la vida.

La necesidad de un nuevo modelo para entender la vida

En la biología actual seguimos enfrentándonos a un enigma profundo: **no existe una explicación verdaderamente satisfactoria sobre cómo aparece la primera forma de vida** ni sobre cómo esa chispa inicial se transforma en los organismos complejos que hoy conocemos. El modelo clásico —que considera a la **célula como la unidad fundamental y autosuficiente de la vida**—, aunque útil en muchos aspectos, resulta insuficiente para describir el origen y la dinámica de lo viviente. Sabemos cómo se reproducen las células, pero no cómo surge el primer sistema capaz de hacerlo. Tampoco comprendemos con detalle las **reacciones químicas internas** que permiten construir las moléculas esenciales para la vida ni cómo se integran en un proceso coherente y sostenido.

Frente a esa falta de claridad, es necesario **proponer un nuevo modelo** que amplíe nuestra mirada. El modelo que aquí se presenta sitúa al **agua** en el centro del escenario, **como el puente entre el Éter y la vida**. El agua no sería un simple medio en el que ocurren las reacciones biológicas, sino **el agente que las posibilita, las organiza y las sostiene**.

La mayor parte de las ideas que exploraremos provienen de **Mae-Wan Ho**, **investigadora** británica-china cuya obra *Living Rainbow* H_2O (2008) ha sido pionera en plantear que la vida solo puede entenderse como un fenómeno de **coherencia dinámica**, sostenido por la organización del agua dentro de los organismos. Mae-Wan Ho nos advierte desde el inicio de su libro:

> *"Este libro no te dará un conocimiento definitivo del misterio de la vida, pero te ofrecerá una nueva visión de lo que es importante saber sobre ese misterio" (Ho, 2008, p. 3).*

Esa advertencia es crucial. Significa que el propósito no es cerrar el misterio, sino **ampliar el marco desde el cual lo contemplamos**. La ciencia moderna ha intentado explicar los fenómenos vitales con un lenguaje lineal —causas y efectos en cadena—, pero la vida, más que una línea, es **una red de interrelaciones**, una malla vibrante donde cada hilo depende de los demás. Por eso, debemos **"ir agarrando hilos dentro de esa malla, para luego entretejerlos y obtener una visión global"**.

Por supuesto, queda mucho por investigar. Los procesos que hacen posible la vida son extraordinariamente complejos, y aunque aún no comprendemos todos sus mecanismos, los estudios que Ho reúne en su obra —sobre las propiedades del agua y su papel en las reacciones biológicas— **ofrecen una vía prometedora para imaginar el tránsito entre la materia inorgánica y las estructuras vivas**, como las células.

Uno de los primeros problemas que señala Mae-Wan Ho es **la forma en que observamos la vida**. Para entenderla, dice, debemos verla **tal cual es, sin modificarla** y en **la escala temporal en la que realmente sucede**. El desafío es enorme: los movimientos atómicos y moleculares son tan rápidos —del orden de los femtosegundos (10^{-15} s) o incluso atosegundos (10^{-18} s)— que **hasta hace pocas décadas no disponíamos de instrumentos capaces de detectarlos**. Solo gracias a tecnologías recientes es posible captar esos procesos ultrarrápidos donde se origina la organización de la materia viva. Y aun así, comprender lo que muestran esos aparatos requiere **una interpretación adecuada**. Como señala Ho, *"los datos son tan buenos como el modelo que los interpreta"*. Sin un modelo mental coherente, los datos científicos pueden desordenarse, perder sentido o incluso conducirnos a conclusiones erróneas. La biología, sostiene la autora, ha pasado por alto un **dato fundamental: el papel del agua**.

"No existe vida sin agua", recordaba ya Albert Szent-Györgyi, premio Nobel de Medicina (**1937**), quien afirmó que *"la vida es agua que baila al ritmo de las proteínas"*. Incluso las bacterias contienen hasta un 95 % de agua, y los organismos multicelulares —como el ser humano— se componen aproximadamente de un 75 %. Sin embargo, los modelos biológicos convencionales suelen reducir el papel del agua a un mero "disolvente" donde flotan las moléculas, cuando en realidad parece ser **el tejido invisible que sostiene toda la organización biológica**.

Si la vida necesita agua para todas sus reacciones, **entender las propiedades del agua equivale a comprender la esencia misma de la vida**. Para lograrlo, necesitamos observaciones más precisas y, sobre todo, una mentalidad abierta a nuevos **modelos** que no separen la materia de la energía, ni el agua de la vida.

Las escalas del tiempo y la observación de la vida

Para comprender la vida, **debemos aprender a observarla en la escala en la que realmente sucede**. Este es uno de los puntos más insistentes en la obra de **Mae-Wan Ho**, quien advierte que gran parte de las confusiones de la biología moderna provienen de mirar los procesos vitales **desde el tiempo humano**, y no desde el tiempo de las moléculas. Nosotros, los seres humanos, funcionamos en la escala del segundo. En un segundo podemos decidir una acción o percibir un cambio. Pero la vida no ocurre a ese ritmo: **las reacciones fundamentales que sostienen los procesos biológicos son un millón, mil millones o incluso billones de veces más rápidas**.

Así, en un microsegundo (10^{-6} segundos) —el tiempo en que estalla una carga de dinamita— comienzan las "acciones interesantes" para la biología. Pero aún hay más. Si nos adentramos en la escala del nanosegundo (10^{-9} segundos), encontramos el rango en que **funcionan los microprocesadores electrónicos**. Y todavía más allá, en los picosegundos (10^{-12} s), podemos observar cómo **los átomos de hidrógeno dentro del agua vibran y se enlazan** mediante los llamados puentes de hidrógeno, esos delicados hilos energéticos que dan al agua sus propiedades únicas.

Para percibir una sola vibración dentro de una molécula de agua, necesitamos descender hasta los femtosegundos (10^{-15} s), y si queremos captar las oscilaciones aún más rápidas de los electrones, debemos llegar al territorio de los **atosegundos (10^{-18} s)**, una escala de tiempo tan diminuta que resulta casi inimaginable. Gracias a la tecnología moderna, hoy disponemos de instrumentos capaces de registrar fenómenos en esos márgenes extremos, pero su interpretación **exige una nueva forma de pensar la vida**: una que reconozca su carácter vibratorio, dinámico y coherente.

Mae-Wan Ho sugiere que, **sin entender esa danza temporal**, no podremos comprender el funcionamiento real de los sistemas vivos. La vida no es una sucesión lineal de reacciones químicas, sino **una sinfonía de vibraciones sincronizadas en diferentes escalas de tiempo y energía**.

Vamos a ilustrar esta idea con una metáfora: vamos a compararla con el modelo del **Big Bang**. Si, según ese modelo cosmológico, el universo se originó hace unos 15.000 millones de años, equivaldría —traducido a minutos— a unos **6.832.800.000 millones de minutos**. En ese contexto, un solo femtosegundo (10^{-15} s) guarda la **misma proporción de tiempo respecto a un segundo** que **un minuto guarda respecto a la edad del universo**. Esta comparación asombrosa nos ayuda a comprender la **inmensidad de escalas** que se entrelazan entre el cosmos y lo microscópico. En el universo, millones de galaxias se organizan a lo largo de miles de millones de años; en una célula, millones de moléculas se organizan en fracciones de segundo. **La coherencia que mantiene la estructura del universo es la misma que sostiene la vida en su escala más íntima.**

Por eso, dice Ho, si no somos capaces de entender lo que ocurre en esas escalas ultrarrápidas, **nunca comprenderemos cómo actúa la vida**. La clave está en **armonizar nuestras observaciones con la escala del fenómeno** que queremos estudiar. De lo contrario, las mediciones resultan incompletas o incluso engañosas. Y aquí surge una reflexión central del pensamiento de Mae-Wan Ho:

> *"Los datos son tan buenos como el modelo que los interpreta."*

En ciencia, los datos no hablan por sí mismos. Necesitan una imagen mental —un modelo coherente de la realidad— que los ordene y les dé sentido. Si el modelo es limitado, los datos se malinterpretan; si el modelo es más amplio, los datos pueden revelar nuevas dimensiones del mundo. Por eso, **el primer paso para entender la vida no es acumular datos, sino cambiar la imagen mental que tenemos de ella**. El agua, con sus propiedades únicas y su capacidad de conectar la materia con la energía, se convierte en el eje de esa nueva imagen: **el tejido vibrante donde el universo y la biología se encuentran**.

El papel olvidado del agua en la biología

Si aceptamos que no existe vida sin agua, entonces debemos reconocer que **el agua no es un simple escenario donde ocurre la vida**, sino su **protagonista silenciosa**. Este es, precisamente, el punto que **Mae-Wan Ho** subraya con insistencia: la biología moderna ha pasado por alto al agua, reduciéndola a un papel de "disolvente" de reacciones químicas, cuando en realidad **es el medio que da forma, coherencia y energía a los procesos vitales**.

Recordamos que el agua constituye cerca del **75 % del cuerpo humano** y hasta el **95 % del volumen celular** en algunos microorganismos, sin embargo, la mayor parte de los modelos biológicos actuales la tratan como un entorno pasivo. Esto resulta paradójico, porque **la mayoría de las reacciones químicas necesarias para la vida no ocurren sin la participación activa del agua**. De hecho, las moléculas que constituyen las proteínas, los ácidos nucleicos y las membranas celulares solo pueden organizarse gracias a la capacidad del agua para **formar redes de enlaces de hidrógeno** que modulan sus energías y sus estructuras.

Ya **Leonardo da Vinci** lo intuía siglos atrás, cuando escribió que *"el agua es la fuerza motriz de toda la naturaleza"*. Y, más recientemente, científicos como

Roentgen —descubridor de los rayos X— observaron que el agua exhibe **propiedades completamente anómalas**: congela a 0 °C y hierve a 100 °C, cuando por su estructura molecular debería hacerlo a unos −75 °C. Además, a diferencia de casi todas las sustancias, **su densidad disminuye al solidificarse**, permitiendo que el hielo flote sobre el agua líquida. El agua, decía Roentgen, parece comportarse como si estuviera formada por **dos tipos de estructuras distintas**, coexistiendo en equilibrio dinámico.

Esta idea fue retomada más tarde por **Martin Chaplin**, quien propuso que el agua tiene **dos fases estructurales**: una **de baja densidad**, con una forma tetraédrica más abierta, y otra **de alta densidad**, más compacta. Según sus cálculos, a temperatura ambiente (25 °C) el agua está compuesta aproximadamente por **28,6 % de moléculas en la fase de baja densidad** y **71,4 % en la fase de alta densidad**. Más recientemente, investigaciones de la Universidad de Stanford han confirmado que el agua **no es homogénea** ni siquiera a escala nanométrica: está compuesta por dominios con densidades diferentes y comportamientos eléctricos propios (Nilsson et al., *Science*, 2016).

Pero las explicaciones más profundas de estas anomalías provienen de la **electrodinámica cuántica aplicada a los líquidos**, desarrollada por los físicos italianos **Emilio Del Giudice** y **Giuliano Preparata**. Originalmente, la electrodinámica cuántica (QED) describía la interacción entre **fotones y electrones** en el vacío. Del Giudice y Preparata extendieron esta teoría para incluir **las interacciones colectivas entre moléculas en los líquidos**, especialmente en el agua. Según su modelo, el **vacío**

cuántico no está vacío en absoluto: contiene energía fluctuante —una forma moderna de lo que los antiguos llamaban **Éter**— que interactúa con la materia. Esa interacción genera **regiones de coherencia cuántica**, zonas donde millones de moléculas de agua **vibran al unísono**, como si fueran un solo organismo, compartiendo energía e información.

En estas regiones coherentes, que pueden medir unos **100 nanómetros** de diámetro, las moléculas de agua **capturan energía de los campos electromagnéticos del entorno**, como el **campo magnético terrestre** o las **resonancias Schumann** de la atmósfera. De este modo, el agua no solo participa en las reacciones bioquímicas, sino que **almacena y amplifica energía del ambiente**, funcionando como un sistema resonante entre la Tierra y la vida. Del Giudice lo resumía así:

> *"El agua es el medio a través del cual el universo mantiene viva a la materia."*

Este concepto —tan poético como científico— **rompe con la visión mecanicista** de la biología, que separa la vida de su entorno físico. Si el agua vibra en sincronía con los campos naturales, entonces **la vida no puede entenderse sin el entorno electromagnético que la alimenta**. El agua sería, en efecto, **la interfaz entre la materia y el Éter**, entre lo visible y lo invisible, entre el mundo químico y el mundo energético.

Para Mae-Wan Ho, esa idea es la clave para construir un nuevo paradigma: uno en el que **la materia viva no esté aislada**, sino en permanente diálogo con el cosmos. Y si el agua cumple ese papel de mediadora universal, entonces **entender sus propiedades no es solo un asunto de física, sino de biología, de salud y de consciencia.**

El Éter como sustancia primordial

Para comprender el papel del agua en la vida, debemos mirar aún más atrás, hacia aquello que **la sostiene y la anima**: el **Éter**. Durante siglos, esta palabra designó la sustancia sutil que **llenaba todo el universo**, el medio a través del cual se propagaba la luz y el movimiento. Los antiguos griegos lo consideraban **la quintaesencia**, el elemento que unía el mundo celeste con el terrestre. Con el tiempo, el concepto fue desplazado por la física moderna, pero no necesariamente porque fuera falso, sino —como veremos— porque **fue mal interpretado**.

En el marco de la **teoría cuántica de campos**, el vacío no es vacío. Está lleno de **energía fluctuante**, de ondas que aparecen y desaparecen en fracciones infinitesimales de segundo. Es lo que los físicos llaman **campo de punto cero**, **espuma cuántica** o incluso **mar de Dirac**. Pero si aceptamos que ese "vacío" contiene energía y propiedades mensurables, **entonces ya no es vacío: es una sustancia**. Y si una sustancia llena todo el espacio, interactúa con la materia y transmite energía, **¿no es eso, en esencia, el Éter?**

> *"Si el vacío cuántico tiene energía, no puede ser vacío"*
> *"Llamarlo vacío es generar confusión. Si lo llamamos Éter, recuperamos la cordura".*

En este nuevo marco, el Éter sería **un superfluido cósmico**, un medio dinámico y vibrante con propiedades no newtonianas: ante presiones fuertes puede volverse rígido, y bajo ciertas condiciones permitir que la **transmisión de perturbaciones sea casi instantánea**. En otras palabras, el Éter no sería una materia muerta, sino **una matriz viva y resonante** capaz de autoorganizarse y evolucionar.

Este superfluido universal tendría, además, **una dinámica compleja y fractal**, marcada por lo que la ciencia del caos denomina "efecto mariposa": pequeñas variaciones locales pueden generar gigantescas consecuencias globales. El Éter, en este sentido, **no es estático, sino creativo**, una especie de océano de energía donde surgen los remolinos que llamamos materia.

Los nombres que ha recibido a lo largo del tiempo —**campo cuántico**, **energía del punto cero**, **espacio-tiempo**— no son más que **formas distintas de hablar de la misma esencia**, aquella sustancia primordial que "llena todo el universo", como afirmaban los filósofos griegos.

> *"No hay huecos en el universo —decía Aristóteles—; la naturaleza aborrece el vacío."*

Y esta intuición antigua encuentra hoy su eco en la física contemporánea: la energía del vacío es una realidad medible. Una de las evidencias más claras es el **efecto Casimir** (Casimir, 1948). Cuando se colocan **dos placas metálicas paralelas** a distancias extremadamente pequeñas —del orden de nanómetros—, se observa que

se atraen entre sí sin que exista carga eléctrica ni campo magnético aparente. La explicación es que entre las placas **no pueden propagarse todas las frecuencias del campo cuántico**, de modo que la presión de la energía del vacío en el exterior es mayor que en el interior, empujándolas una hacia otra. El efecto Casimir demuestra, por tanto, que **el vacío ejerce presión y contiene energía real**. Es decir, **existe un medio invisible, dinámico y dotado de potencia**.

Los físicos **John Wheeler** y **Richard Feynman**, pioneros en la teoría cuántica, calcularon que la densidad energética del vacío es tan grande que **una sola taza de esa energía bastaría para hervir todos los océanos del planeta**. Si esto es así —y las ecuaciones lo permiten—, el Éter no solo sería real, sino **la fuente más abundante de energía del universo**.

> *"Si del Éter se puede extraer energía, entonces dispondríamos de energía libre e inagotable para todos. Pero nuestro sistema económico se basa en la idea de la escasez energética, en ponerle precio a lo que debería ser universal."*

Esta reflexión conecta con los trabajos de **Harold Puthoff**, físico estadounidense que propuso que **los electrones de los átomos están en constante intercambio de energía con el vacío cuántico**. Según Puthoff (1989), los electrones **no colapsan sobre el núcleo** porque el Éter —o energía de punto cero— **les devuelve la energía que irradian**. Así, el átomo no sería un sistema cerrado, sino **un sistema abierto sostenido por el flujo permanente**

entre materia y campo. El Éter, por tanto, sería **el mediador invisible que mantiene la estabilidad de la materia**.

Esta idea puede sonar revolucionaria, pero tiene una elegancia profunda: la materia sería un conjunto de **vórtices estables en el seno del Éter**, estructuras dinámicas que intercambian energía e información con el medio. De hecho, algunos teóricos contemporáneos, como **David Bohm** o **Nassim Haramein**, han descrito el universo como **una totalidad interconectada**, donde el vacío no es la ausencia de todo, sino **la plenitud que lo contiene todo**. Si esto es cierto, entonces el Éter **no está perdido**, solo **renombrado**. Y entenderlo no solo implica revisar nuestra física, sino **reconectar nuestra visión del mundo**: reconocer que **todo está unido** y que la vida no flota en un vacío muerto, sino en un **océano de energía consciente**.

Interacción entre Éter y agua

Una vez entendido qué es el Éter —esa sustancia primordial que llena el universo, de la que emerge la materia—, podemos comprender **por qué el agua se comporta como lo hace**. El agua es, en muchos sentidos, **la manifestación visible del Éter en la Tierra**, el medio a través del cual esa energía invisible se condensa y se hace biológicamente activa.

Cuando el agua está en estado gaseoso, sus moléculas están muy separadas unas de otras. Pero a medida que se acumulan y alcanzan cierta densidad, **comienzan a interactuar**. Esas interacciones generan **vibraciones**

sincronizadas, una especie de resonancia colectiva entre moléculas. En ese punto, **la energía del Éter —que se manifiesta como campo electromagnético— puede acoplarse a las moléculas de agua**, haciendo que vibren en fase, es decir, al unísono. El resultado de esa sincronía son los llamados **dominios coherentes**, una de las aportaciones más fascinantes de la electrodinámica cuántica aplicada al agua (Del Giudice & Preparata, 1998).

Estos dominios coherentes son **regiones dentro del agua líquida** donde millones de moléculas actúan como si fueran una sola, compartiendo la misma frecuencia vibratoria y manteniendo una estructura ordenada. A temperatura ambiente (25 °C), los dominios coherentes **ocupan cerca del 40 % del volumen total del agua**, mientras que el **60 % restante está formado por moléculas libres o incoherentes**. Cada fase tiene propiedades muy diferentes: la **constante dieléctrica** (la capacidad de almacenar energía eléctrica) es de aproximadamente **160 en los dominios coherentes**, frente a **15 en el agua incoherente**. Esto convierte a los dominios coherentes en **verdaderos condensadores naturales**, capaces de almacenar y amplificar energía del entorno. En términos biológicos, podríamos decir que **el agua actúa como una batería universal**.

Además, los dominios coherentes **no son estáticos**, sino que están en continua interacción con los **campos electromagnéticos de largo alcance** de la Tierra, como el **campo Schumann**, generado por las descargas eléctricas de la atmósfera. Estos campos, con frecuencias entre 7 y 33 Hz, **envuelven y sincronizan las vibraciones de los dominios coherentes**, creando una red global de resonancia entre el agua y la atmósfera. En ese sentido, el planeta entero funciona como **un organismo electromagnético interconectado por el agua**.

> *"El agua es la interfaz entre el Éter y la vida. Los dominios coherentes almacenan la energía del ambiente e incluso pueden capturar más energía del Éter. Lo que hacen, en realidad, es amplificarla."*

Esta capacidad explicaría por qué **el agua líquida no se comporta como un simple gas condensado**, sino como un fluido dinámico con propiedades de fase múltiple. Cada dominio coherente tiene el tamaño de la **longitud de onda de la radiación electromagnética que lo ha excitado**, lo que determina su energía de resonancia. En su interior, una parte de las moléculas de agua (aproximadamente el 87 %) se mantiene en un **estado energético base**, mientras que el resto (alrededor del 13 %) se encuentra en un **estado excitado**, con una energía muy cercana al umbral de ionización del hidrógeno.

Esta característica es fundamental, porque **explica cómo la luz del sol puede inducir procesos vitales como la fotosíntesis**. Aunque los fotones solares no tienen la energía suficiente para romper directamente las moléculas de agua, **sí pueden activar las moléculas ya excitadas en los dominios coherentes**, facilitando su disociación en hidrógeno y oxígeno. Este fenómeno ha sido confirmado experimentalmente por **John Kanzius** y **Rustum Roy**, quienes demostraron que el agua salada puede **liberar hidrógeno al ser sometida a una frecuencia electromagnética específica** (13,56 MHz), generando una llama de 1500 °C sin necesidad de reacciones químicas convencionales (Roy et al., *Materials Research Innovations*, 2008). Estos resultados indican que **el agua puede comportarse como un sistema energético resonante**, capaz de liberar energía a partir de la coherencia de sus moléculas.

Otro hallazgo notable proviene de **Gerald Pollack**, bioingeniero de la Universidad de Washington, quien descubrió que cuando el agua entra en contacto con superficies hidrofílicas (es decir, que atraen el agua), forma una **zona de exclusión (EZ, Exclusion Zone)**. En esta zona, el agua cambia su estructura, **expulsa los solutos** y genera una **separación de cargas eléctricas**: la capa próxima a la superficie adquiere carga negativa, mientras que el resto del agua circundante se vuelve positiva. Esto produce un **gradiente eléctrico permanente**, lo que equivale a **una batería natural alimentada por la luz**. De hecho, Pollack observó que la exposición a la luz infrarroja **aumenta el grosor de la zona de exclusión**, confirmando que **la energía lumínica se convierte en energía eléctrica mediante la estructuración del agua** (Pollack, 2013).

Del Giudice explicó este fenómeno afirmando que los dominios coherentes **pueden adherirse a las superficies y formar un plasma de electrones casi libre**, lo que genera potenciales eléctricos medibles. Así, el agua no solo es el medio donde ocurren las reacciones químicas, sino **el propio motor energético que las hace posibles**.

Si reunimos todas estas observaciones, vemos que el agua **no se limita a participar en la vida**, sino que **la origina y la sostiene**. El Éter —ese **océano** de energía que llena el vacío cuántico— **encuentra en el agua su instrumento de expresión**. Y los dominios coherentes son **los puntos de encuentro entre ambos mundos**, donde la vibración conforma la materia, y la energía invisible del universo se convierte en movimiento vital.

> *"El agua —decía Mae-Wan Ho— no es solo el medio de la vida;* ***es la matriz de la coherencia biológica****."*

Agua, bioquímica y energía vital

Después de comprender cómo el agua puede almacenar y amplificar energía gracias a sus **dominios coherentes**, podemos ver con nuevos ojos **su papel dentro de la bioquímica de la vida**. El agua no solo facilita las reacciones químicas: **las hace posibles**. Y no solo las hace posibles: **las impulsa y las ordena**.

El misterio de la energía celular

En la visión clásica de la biología, se enseña que la energía de los seres vivos proviene casi exclusivamente del **ATP (adenosín trifosfato)**, la famosa "moneda energética" de la célula. Sin embargo, si analizamos los procesos vitales con más detalle, encontramos una paradoja: **muchas de las reacciones que mantienen viva una célula requerirían, en condiciones normales, temperaturas y presiones incompatibles con la vida**. Por ejemplo, romper los enlaces peptídicos de las proteínas o de los ácidos nucleicos, sin enzimas, demandaría hervir la sustancia en ácido clorhídrico concentrado; y formar cerámicas biológicas, como el tejido óseo, necesitaría temperaturas cercanas a los **1200 °C**. ¿Cómo puede la vida realizar esas proezas en el ambiente suave de un cuerpo vivo, a 37 °C y en medio acuoso?

Para la investigadora **Philippa Wiggins** (1980), la respuesta está en que **la energía en la célula no proviene únicamente del ATP**, sino de **la interacción entre las moléculas de agua y las enzimas**. El agua estructurada en dominios coherentes **cede parte de su energía cuántica** a las enzimas, permitiendo que estas catalicen reacciones sin romper el equilibrio térmico del organismo. En otras palabras, **la célula se alimenta del agua**, no solo la contiene.

> *"El agua —decía **Wiggins**— no es un fondo pasivo: es el catalizador silencioso que mantiene encendida la chispa de la vida."*

La melanina: una batería biológica

Esta visión se amplía con las investigaciones del **Dr. Arturo Solís Herrera**, médico y biofísico mexicano, quien propone que **la melanina** —el pigmento responsable del color de nuestra piel, cabello y ojos— **funciona como una batería natural de agua**. En su obra *Human Photosynthesis* (2012), Solís sugiere que la melanina disocia y recompone continuamente las moléculas de agua, **liberando electrones de alta energía**, de manera análoga a como la clorofila actúa en las plantas. Sin embargo, la melanina sería **miles de veces más eficiente** que la clorofila, al operar no solo con la luz visible, sino también con radiación infrarroja y microondas ambientales. Esto explicaría por qué los organismos animales —ricos en melanina— **poseen una movilidad y una energía metabólica tan elevadas** comparadas con las plantas. El propio Solís lo resume así:

> *"La melanina permite que los entornos se energicen. Allí donde hay melanina, hay trabajo biológico en marcha."*

Desde esta perspectiva, **el cuerpo humano sería una máquina fotónica**: un sistema abierto que absorbe, almacena y distribuye energía solar a través del agua y la melanina. La vida, entonces, no sería un proceso químico ciego, sino **una danza ordenada entre luz, agua y estructura**.

El agua estructurada: orden invisible

La idea de que el agua se organiza en **zonas estructuradas** no es nueva. Ya el premio Nobel **Albert Szent-Györgyi**, uno de los padres de la bioquímica moderna, afirmaba que en los seres vivos deben coexistir **dos tipos de agua**: una en estado base y otra **en estado excitado**, adherida a las superficies de las moléculas. Esa frontera entre ambas aguas crearía **un voltaje natural**, facilitando el transporte de iones y las reacciones metabólicas.

Décadas más tarde, **Gerald Pollack** confirmó esta hipótesis con su descubrimiento del **agua estructurada o "cuarta fase del agua"** (*The Fourth Phase of Water*, 2013). Cuando el agua entra en contacto con superficies hidrofílicas —como las proteínas o las membranas celulares—, forma una **zona de exclusión (EZ)** donde se reordena, **expulsa los solutos** y genera **un potencial eléctrico estable**. La exposición a la luz infrarroja **engrosa esa zona y aumenta la diferencia de potencial**, demostrando que **la luz solar puede transformarse directamente en energía eléctrica dentro del agua**. Esto significa que, en el interior de las células, **las membranas, el citoesqueleto y los orgánulos están rodeados de agua estructurada**, que actúa como una red de transmisión energética. Esa agua, organizada en capas y dominios coherentes, es **el soporte invisible de la bioquímica**, el medio a través del cual las enzimas reciben la energía necesaria para actuar sin violar las leyes termodinámicas.

El corazón y los remolinos de la vida

Incluso el movimiento de la sangre —ese río interior que nos sostiene— parece depender de la capacidad del agua para **estructurarse y liberar energía**. El médico y escritor **Thomas Cowan** (2019) describe el corazón como **una cinta de Moebius enrollada**, cuyo principal propósito no es "bombear" sangre, sino **crear remolinos que estructuren el agua sanguínea**. En esos remolinos se generan superficies y, en ellas, el agua adopta propiedades de "agua pi" o agua vital, **más densa, más cargada y más ordenada**, que luego se adhiere a las paredes hidrofílicas de las arterias. Al llegar a los capilares, donde la presión del corazón ya no alcanza para mover la sangre, esa misma agua estructurada **libera su energía en forma de expansión y calor**, generando una presión hidráulica interna que **ayuda a iniciar el retorno venoso, lo que se complementa con la repulsión electrostática del agua estructurada de las paredes venosas que impulsa el agua libre que fluye por el**

interior de la vena. La circulación, entonces, **no es solo mecánica, sino también eléctrica y cuántica**.

La consciencia del agua

Todos estos descubrimientos confluyen en una misma intuición: **el agua no es solo materia**, es **información en movimiento**. En su estructura se codifica la energía del entorno, la luz solar, los campos electromagnéticos y hasta la memoria de los procesos biológicos. El agua **capta, almacena y retransmite energía**, actuando como el mediador entre **el Éter y la vida**, entre lo invisible y lo orgánico. En palabras de Mae-Wan Ho:

> *"La vida no es una propiedad de la materia, sino de la coherencia.*
> *Y el agua es el tejido donde esa coherencia se manifiesta."*

Así, cuando miramos una célula, no vemos un conjunto de moléculas, sino **un c ampo de resonancia**, un pequeño universo donde la energía del cosmos **se hace vida**.

Capítulo 3

PLEOMORFISMOS

Introducción al pleomorfismo y su fundamento filosófico

"Si hay magia en este planeta, está contenida en el agua."

— Loren Eiseley, antropólogo y naturalista

Con esta frase comienzo el capítulo dedicado a uno de los temas más fascinantes y, a la vez, más olvidados de la biología: **el pleomorfismo**. Este concepto **no aparece en el libro de Mae-Wan Ho**, aunque encaja perfectamente dentro de su visión de la vida como un proceso dinámico, vibrante y coherente. El material que lo desarrolla —lo explica— procede del **segundo volumen de la obra** *Magna Ciencia* **de Artur Sala**, un investigador que ha recuperado y conectado las ideas de grandes pioneros como **Antoine Béchamp**, **Wilhelm Reich** y **Gaston Naessens**.

El **pleomorfismo** (del griego *pleon*, "muchos", y *morphé*, "forma") propone que **la célula no es la unidad más simple ni el punto de partida de la vida**, sino **una etapa dentro de un ciclo evolutivo más amplio**, en el que existen formas más básicas —invisibles al microscopio convencional— que pueden transformarse unas en otras. Según esta visión, la vida no surge de la nada ni depende únicamente de la información contenida en los genes, sino que **brota de un campo energético y acuoso subyacente**, donde la materia se organiza espontáneamente a través de patrones de coherencia.

Esta idea desafía el paradigma celular que ha dominado la biología desde el siglo XIX. Mientras que la **teoría celular** (Schleiden y Schwann, 1839) sostiene que toda forma de vida está compuesta por células que provienen de otras células, el **pleomorfismo** sugiere que **existen entidades subcelulares más pequeñas y primordiales** —llamadas *microzimas, somátidas, biones, etc.*, dependiendo del investigador— que **pueden agregarse, transformarse y dar origen a células completas**. Estas entidades no serían simples restos o productos biológicos, sino **estructuras vivas, autorreguladas y energéticamente activas**, capaces de mantener una cierta autonomía vital.

> *"La célula no es el elemento básico de la vida.*
> *Existen elementos más simples que, al unirse, acaban generando bacterias, protozoos, hongos y toda la vida unicelular."*

Esta frase sintetiza un cambio de paradigma profundo: pasar de una visión **mecanicista y genética** de la vida a una **energética y morfodinámica**, en la que la materia y la energía no se oponen, sino que se transforman mutuamente. El pleomorfismo, además, **rompe con la idea de la vida como algo fijo o lineal**. Propone que la existencia se organiza como un **continuum de formas**, donde los microorganismos pueden cambiar su morfología en función del entorno, del pH, del campo eléctrico o de las condiciones energéticas. Así, lo que hoy identificamos como "bacteria", "hongo" o "protozoo" podría ser, en realidad, **una manifestación temporal de una misma fuerza vital** expresándose de diferentes maneras. Aunque este enfoque puede resultar muy impactante, es importante mirar el fenómeno del pelomorfismo con una mente abierta, recordando que **las categorías científicas son modelos**, no verdades absolutas.

Del mismo modo que la física moderna reconoce que el vacío no está vacío, sino lleno de energía e información, la biología podría reconocer que **la vida no empieza en la célula, sino en las fluctuaciones energéticas del agua estructurada**, donde se gestan los primeros niveles de organización. En palabras de **Artur Sala (2019)**:

> *"El pleomorfismo nos devuelve la visión de una biología viva, no reducida al ADN ni a los orgánulos celulares, sino conectada con la energía universal que permea toda materia."*

El agua vuelve a ser aquí la protagonista invisible. Es en su seno donde los iones, los campos electromagnéticos y las partículas primordiales **se organizan para dar forma a la vida**. El pleomorfismo no es solo una hipótesis sobre microorganismos; es una **filosofía del cambio**, una forma de entender que la vida es un proceso continuo de **transformación, resonancia y adaptación**.

> *"Si la vida cambia de forma, si se expresa a través del agua y de la energía, entonces no podemos buscar su origen en una estructura fija, sino en el movimiento mismo.*
> *La vida no es una cosa; es una relación."*

Los iones, el agua y la formación de estructuras primordiales

Si en el apartado anterior vimos que la vida podría no comenzar en la célula, sino en estructuras más simples, aquí damos un paso más: **¿cómo surgen esas primeras estructuras?**

¿Cómo puede la materia inanimada empezar a organizarse hasta dar lugar a formas vivas? La respuesta, una vez más, nos conduce al **agua**. Pero no al agua común, sino al **agua estructurada**, al agua que forma capas, zonas de exclusión y dominios coherentes, tal como describieron **Del Giudice y Preparata**.

En ese contexto, los **iones** —esas diminutas partículas cargadas eléctricamente— juegan un papel fundamental, pues son los **mediadores entre la energía del Éter y la organización de la materia**. **No todos los iones se comportan igual**: algunos **ordenan el agua**, mientras que otros la **desordenan**. Esta clasificación proviene de la *serie de Hofmeister* y distingue dos grandes grupos:

- **Iones cosmótropos**, que generan **orden**. Son "estructuradores del agua": atraen las moléculas de H_2O, estabilizan las redes de enlaces de hidrógeno y **favorecen la coherencia molecular**.
- **Iones caótropos**, que generan **desorden**. Rompen los enlaces, dispersan las moléculas y **reducen la capacidad del agua para formar estructuras estables**.

Ambos tipos son necesarios, porque **la vida surge del equilibrio dinámico entre el orden y el caos**. Los iones cosmótropos crean zonas estables; los caótropos permiten la flexibilidad. Así, el agua se convierte en un **sistema autoorganizado**, que cambia constantemente de estado sin perder coherencia global.

Cuando un ion se disuelve en agua, se rodea de una capa ordenada de moléculas: la **capa de solvatación**. Esa envoltura acuosa tiene propiedades físicas distintas del resto del líquido. Su **constante dieléctrica** —la capacidad de aislar y transmitir campos eléctricos— cambia, lo que **apantalla la carga del ion** y modifica la forma en que se relaciona con otros iones cercanos. A partir de cierto punto, el sistema empieza a mostrar un comportamiento inesperado: **iones con la misma carga comienzan a atraerse** a distancia.

Esto, que parecería imposible según la electrostática clásica, se explica gracias al **modelo de dominios coherentes**. Al estructurarse el agua en torno a los iones, **la constante dieléctrica local disminuye**, y el resultado es la aparición de **fuerzas de atracción de largo alcance**. Esas fuerzas hacen que los iones cargados positivamente —rodeados de sus capas de solvatación— tiendan a **distribuirse en órbitas alrededor de los dominios coherentes del agua**, como si fueran pequeños satélites energéticos girando en torno a un núcleo invisible.

> *"Los iones, al interactuar con el agua estructurada, empiezan a organizarse. Se alinean, se agrupan, forman patrones estables… y esos patrones son el primer esbozo de lo que más tarde llamaremos vida."*

Lo que estamos describiendo no es un proceso aleatorio, sino un **fenómeno físico de autoorganización**. Los dominios coherentes del agua —esas zonas donde millones de moléculas vibran al unísono— **actúan como matrices energéticas**. A su alrededor se forman capas sucesivas de iones, que se estabilizan y crean **estructuras en equilibrio dinámico**. Con el tiempo, esas capas pueden transformarse en **sistemas más complejos**, añadiendo nuevas moléculas y generando **estructuras cristalinas y cuasicristalinas**, la base de la materia viva.

En palabras de **Artur Sala (2019)**:

> *"Los iones son las semillas invisibles de la forma. En ellos reside el potencial de*

orden que, al interactuar con el agua coherente, da origen al impulso vital."

Este proceso, donde el agua ordena y los iones estabilizan, **prepara el terreno para el nacimiento de los coloides**: agrupaciones de partículas cargadas eléctricamente que, según veremos en el siguiente apartado, **constituyen el primer eslabón entre la materia inerte y la biología**.

El mensaje entonces es claro: la vida no empieza de golpe ni por azar, sino que **emerge gradualmente del diálogo entre el agua, la energía y los iones**. Es un proceso continuo, autoorganizado y creativo, que une la física cuántica con la biología y nos recuerda que **el universo está vivo desde su base**.

De los coloides a las primeras formas vivas

A partir de la interacción entre los iones y el agua estructurada —de la que hablamos antes— surge un fenómeno de enorme trascendencia: **la formación de coloides**. Estas estructuras marcan un punto de inflexión entre la materia inanimada y los primeros indicios de vida.

Los **coloides** son **conjuntos de partículas diminutas** suspendidas en un fluido, cargadas eléctricamente y mantenidas en equilibrio gracias a la interacción entre las fuerzas de atracción y repulsión. En la mayoría de los casos, esas partículas están rodeadas por una fina capa de agua estructurada, que les confiere **estabilidad eléctrica y dinámica**.

> *"Los coloides son agregados de partículas cargadas electrostáticamente; son el paso intermedio entre la química y la biología."*

En este punto, el agua deja de ser un simple medio líquido: **se convierte en un agente organizador**. Las moléculas de agua, los iones y los dominios coherentes **colaboran para formar estructuras cada vez más estables**, con propiedades cuasi-cristalinas. Esas redes de partículas actúan como **plantillas energéticas** donde la materia empieza a comportarse de manera biológica: absorbiendo, resonando y autorregulándose. Estos **coloides y macromoléculas** pueden formarse **sin necesidad de instrucciones genéticas ni ADN**. No son productos de la información hereditaria, sino de **la autoorganización física del agua y la energía**. El proceso comienza con la formación de **zonas de exclusión (EZ)** alrededor de los iones —como mostró **Gerald Pollack**—, y se amplía a los coloides, que también generan su propia zona de exclusión, **atrayendo nuevas partículas y capas sucesivas**. Así, el sistema crece por **acreción energética**, no por mutación genética.

A medida que estos coloides aumentan en tamaño y complejidad, empiezan a comportarse como **entidades dinámicas**, con pulsaciones, cargas alternantes y capacidad de interacción. En cierto modo, son **proto-sistemas vivos**, capaces de intercambiar energía y mantener una forma estable. Podemos imaginar este proceso como una **orquesta molecular**, donde cada partícula toca su nota en resonancia con las demás, siguiendo una pauta de coherencia impuesta por el campo electromagnético del agua.

El investigador **Wilhelm Reich**, en sus experimentos con "biones", observó cómo **materiales inertes, al ser sometidos a calor o descomposición controlada, generaban pequeñas vesículas pulsantes** con apariencia de vida. Reich las denominó *biones* (del griego *bios*, vida) y las consideró **la unidad vital fundamental**. Más tarde, otros científicos como **Antoine Béchamp** (con sus *microzimas*) y **Gaston Naessens** (con sus *somátidas*) describieron entidades similares: **estructuras microscópicas con movimiento propio y capacidad de replicación espontánea**, que parecen emerger del propio medio acuoso.

Lo fascinante es que todos ellos —Béchamp, Reich, Naessens y Sala— coinciden en lo esencial: **la vida no se construye desde arriba (por ensamblaje genético), sino desde abajo, por autoorganización energética.**

> *"Es el propio sistema complejo del agua, junto con las moléculas, el que va generando automáticamente estas estructuras. El agua es el laboratorio de la vida."*

Desde esta perspectiva, los coloides serían **los primeros laboratorios naturales**, microcosmos donde la energía y la vibración generan formas, y donde la materia inerte empieza a comportarse como si tuviera propósito. Podríamos decir que **la vida no irrumpe de golpe**, sino que **se condensa poco a poco dentro del agua coherente**. A medida que los coloides se agrupan y se estabilizan, **dan lugar a estructuras más densas y ordenadas**, precursoras de las membranas celulares y los orgánulos. Así, el agua, los iones y la energía se combinan en un proceso de **cristalización dinámica**, donde las primeras formas vivas emergen no como accidente químico, sino como **resultado natural de la física del orden de los sistemas complejos**.

El filósofo y físico **Henri Bergson** escribió que *"la vida es una corriente que remonta la pendiente de la materia"*. Y eso es exactamente lo que este modelo sugiere: que **el agua, al organizar la materia, convierte la energía e información del universo en estructura viva**.

Los biones y la transducción de la energía del Éter

Después de explorar cómo el agua y los iones pueden organizarse en **coloides y estructuras cuasicristalinas**, el siguiente paso natural es preguntarse: ¿cómo se pasa de esos sistemas ordenados a la **vida propiamente dicha**? La respuesta está en unas entidades fascinantes llamadas **biones**, también conocidas en otras tradiciones como *microzimas* o *somátidas*.

Los **biones** fueron descritos por **Wilhelm Reich** en la década de 1930, mientras investigaba cómo materiales inertes, al ser calentados o sometidos a fermentación controlada, **daban lugar a pequeñas vesículas vibrantes, luminosas y en movimiento**. Reich observó que estas partículas parecían **pulsar, emitir energía y dividirse**, comportándose como protoorganismos. No eran bacterias ni virus conocidos, sino **estructuras microscópicas vivas** surgidas de la materia no viva. A ese proceso lo llamó **bionificación**, y lo interpretó como **la transición entre la energía y la vida** (*Reich, 1938*).

Estas diminutas esferas —los biones— **funcionan como condensadores naturales**, capaces de **acumular, transformar y liberar energía del entorno**. Y aquí aparece el punto clave: esa energía proviene del **Éter**, también denominado **energía del punto cero** o **energía orgónica**, según la terminología reichiana. Los biones serían, entonces, **estructuras intermedias entre la materia y el campo**, encargadas de **transducir** (es decir, convertir) la energía del Éter en **energía electromagnética utilizable**, el combustible de la vida.

> *"Los biones son como pequeños transformadores cuánticos. Captan la energía del Éter y la convierten en vibración biológica."*

Este concepto lo apoyan los estudios de **Gaston Naessens**, quien, a mediados del siglo XX, observó al microscopio de campo oscuro unas partículas aún más pequeñas que las bacterias, a las que llamó **somátidas**. Estas somátidas mostraban **un ciclo de transformación de 16 etapas**, pasando de formas esféricas a filamentosas, y luego de nuevo a esferas, dependiendo del estado del medio en el que vivían.
Para Naessens, esas microestructuras no eran patógenas, sino **expresiones dinámicas de la energía vital**; su forma

cambiaba según el equilibrio del **terreno biológico** (*Naessens, 1993*).

Antes que ellos, **Antoine Béchamp** había propuesto la existencia de las **microzimas**, diminutas partículas presentes en todos los tejidos vivos y capaces de sobrevivir incluso tras la muerte del organismo. Béchamp observó que, bajo determinadas condiciones, esas microzimas podían **reagruparse para formar bacterias o levaduras**, y que la enfermedad no era una invasión externa, sino **una transformación interna del medio vital**. En otras palabras, **la vida sería continua y transformacional**, no una cadena interrumpida por la muerte, sino una **metamorfosis energética permanente**.

Podemos unificar estas visiones bajo una misma idea:

> *"Los biones, las microzimas y las somátidas son distintas formas de un mismo fenómeno. Son partículas primordiales que canalizan la energía del Éter hacia la materia."*

En esta interpretación, los biones actúan como diminutos condensadores de energía, parecidos a los pares de carga —electrones y positrones— descritos por el físico alemán Konstantin Meyl. Su dinámica polar —positiva y negativa— generaría microcampos electromagnéticos que ayudan a mantener la coherencia de la materia viva, enlazando la física cuántica con la biología.

En los experimentos descritos, se observa que los biones **pueden agruparse en estructuras mayores**, formando lo que Reich denominó *plasma vesicular*. Esa unión de vesículas sería la antesala de las **primeras células vivas**, capaces de alimentarse de la energía ambiental y de reproducirse espontáneamente. El ciclo vital no empieza en el ADN, sino en **la vibración organizada del agua y el Éter**.

De modo paralelo, Günther Enderlein y von Brehmer desarrollaron en Alemania, de forma independiente, la teoría del pleomorfismo microbiano, según la cual los microorganismos pueden adoptar distintas formas —desde partículas subvisibles hasta bacterias, protozoos u hongos— en función de las condiciones del terreno biológico. Ellos también identificaron **pequeñas formas vitales subcelulares** —similares a los biones— que actuaban como **semillas morfogenéticas** dentro de los tejidos. Y, para dar respuesta a porqué se desarrollan diferentes microorganismos partiendo de las mismas unidades básicas, hay que incluir las investigaciones del ingeniero francés Louis Claude **Vincent**, que explicaban que la proliferación de los diversos tipos de microorganismos **depende del pH, del potencial redox (RH) y de la resistividad eléctrica** del medio: un terreno ácido y oxidado favorece la aparición de ciertos microorganismos, mientras que el resto de combinaciones de dichos parámetros genera otros distintos para cada una.

Esta dependencia muestra que la vida es, esencialmente, **una manifestación del entorno energético-informacional**. Los biones no "viven" aislados, sino **en simbiosis con el terreno**, respondiendo a los campos eléctricos, a la luz, a la temperatura y a las propiedades del agua que los rodea. Así, el pleomorfismo cobra su sentido más profundo: los microorganismos —bacterias, hongos, protozoos, e incluso virus— **no son agentes externos que atacan el cuerpo**, sino **formas adaptativas de la misma energía vital**, que cambian según las condiciones del terreno. Esta visión **se enlaza directamente con la Nueva Medicina Germánica de Hamer**, quien sostenía que **los microorganismos actúan como agentes de reparación** de los tejidos dañados, no como enemigos, proliferando cuando las condiciones fisicoquímicas del cuerpo cambian, dependiendo del estado activo de simpaticotonía o vagotonía.

> *"El cuerpo utiliza bacterias y hongos para regenerarse. No nos invaden: colaboran con nosotros. Son manifestaciones del mismo principio vital que nos anima."*

Desde esta perspectiva, **la vida es un proceso energético autorregulado**, una red de transformaciones continuas entre el Éter, el agua y la materia. Los biones son los **mediadores invisibles** de esa danza universal, donde la energía cósmica se condensa en forma y la forma, al disolverse, vuelve al campo.

El terreno biológico y la expresión del pleomorfismo

Después de comprender qué son los **biones** y cómo actúan como mediadores entre el Éter y la materia, vamos a profundizar en **por qué esas microestructuras**

adoptan formas diferentes según las circunstancias. Aquí entra en juego un concepto esencial: **el terreno biológico**.

El **terreno**, en biología, es el medio interno que define el equilibrio del organismo: su pH, su potencial de oxidación-reducción (RH), su temperatura, su carga eléctrica y, en última instancia, **su nivel de coherencia energética**. Todo ser vivo —desde una célula hasta un ecosistema— mantiene su vida gracias al ajuste continuo a las condiciones de ese terreno —homeostasis—. Y es ese equilibrio dinámico el que **determina qué formas de vida pueden manifestarse en él**.

> *"El terreno es el que condiciona qué microorganismos van a surgir. Si el medio cambia, las formas cambian. La vida no muere: se transforma."*

Esta idea fue desarrollada por el investigador francés **Louis Claude Vincent**, quien mostró que las variaciones del terreno —su acidez, su potencial redox y su resistividad eléctrica— **condicionan la morfología microbiana**. Así, dependiendo de las proporciones entre acidez (pH), oxidación (RH) y conductividad, **los mismos biones pueden transformarse en bacterias, hongos, protozoos o incluso en estructuras más simples**. Por ejemplo:

- En un terreno **ácido y oxidado**, se favorece la aparición de **hongos y micobacterias**.
- En un terreno **ácido y reducido**, predominan **bacterias simbióticas y regeneradoras**.

- Y en condiciones intermedias o inestables, pueden emerger **formas transitorias**, como globulinas o partículas virales.

En este marco, **la salud y la enfermedad dejan de ser opuestos** para convertirse en **fases distintas de un mismo proceso de autorregulación**. Cuando el terreno se desequilibra —por estrés, toxinas, emociones, o alteraciones energéticas—, el cuerpo **utiliza microorganismos pleomórficos** para **restablecer la coherencia interna**. Esos microorganismos no serían enemigos invasores, sino **agentes biológicos de reparación**, como lo señaló el médico alemán **Ryke Geerd Hamer** en sus *Cinco Leyes Biológicas*.

> *"Los microorganismos son los jardineros del cuerpo, Podan, limpian, reparan y transforman los tejidos según las necesidades del terreno. No destruyen: colaboran."*

Esta comprensión del terreno coincide con los hallazgos de Antoine Béchamp, quien en el siglo XIX observó que la vida está compuesta por diminutas unidades vitales —las microzimas— capaces de transformarse según el estado del medio que las rodea. Mientras Pasteur defendía que los gérmenes eran agentes externos de enfermedad, Béchamp —y más tarde Reich, Enderlein o Naessens— propusieron que los microorganismos surgen desde el propio organismo, reflejando su equilibrio interno. Incluso el fisiólogo francés del siglo XIX, Claude Bernard, resumió magistralmente esta visión al afirmar que "el microbio no es nada, el terreno lo es todo", una frase que, según la tradición, el propio Pasteur habría reconocido al final de su vida.

> *"Bernard tenía razón: el terreno lo es todo."*

Desde esta perspectiva, el cuerpo humano no sería una máquina que enferma, sino **un ecosistema inteligente que se reorganiza continuamente**. Los síntomas, lejos de ser enemigos, son **mensajes de reajuste**, respuestas biológicas orientadas a recuperar la armonía perdida. Cuando el terreno se reequilibra —a través del descanso, la nutrición, la respiración o la consciencia—, las formas "patógenas" regresan a sus estados primordiales, y el ciclo vital continúa.

Esta comprensión cambia por completo nuestra relación con la salud: ya no se trata de eliminar "patógenos", sino de **comprender los procesos vitales que los originan**. La enfermedad deja de ser un fallo, y se convierte en **una oportunidad de regeneración**.

> *"Si el terreno está en coherencia, no hay lugar para el caos.*
> *El cuerpo, al igual que el agua, busca constantemente su equilibrio.*
> *La vida no combate la muerte: la incluye como parte del proceso de transformación."*

Por eso, el pleomorfismo no solo amplía la biología: **amplía nuestra mirada sobre lo que significa estar vivos**. Muestra que la vida no es una sucesión de causas y efectos, sino **un flujo complejo de energía e información que se adapta, evoluciona y se renueva**. Cada célula, cada partícula, cada microorganismo, es una manifestación temporal del mismo principio: **la pulsación del Éter a través del agua**.

Sobre este tema ha escrito extensamente **Artur Sala**, especialmente en su libro *Magna Ciencia II*, donde desarrolla con detalle la conexión entre el pleomorfismo, la física cuántica del agua y el concepto de energía libre en los organismos. Porque, al fin y al cabo, comprender el pleomorfismo **es comprender la vida como un proceso energético coherente**, no como un accidente químico.

Capítulo 4

Importancia Clave del Terreno

El ciclo del agua y la vida como un solo proceso

"El agua y la vida son una sola cosa."— Jacques-Yves Cousteau

Con esta frase del oceanógrafo francés comienza el cuarto capítulo, como una invitación a mirar el **agua no solo como un elemento físico**, sino como **la arteria circulatoria del planeta**. El **ciclo del agua y el ciclo de la vida son el mismo proceso**, dos manifestaciones de un mismo movimiento de transformación y renovación constante. El agua se evapora del mar, asciende en forma de vapor y se condensa en nubes; cae luego en forma de lluvia o nieve, y a través de ríos, glaciares y acuíferos **regresa nuevamente al océano**. Ese recorrido, que podría parecer simple, es en realidad **una danza energética de escala planetaria**. En cada paso —al evaporarse, condensarse o precipitarse— el agua **cambia sus propiedades físicas y químicas**, alterando su estructura molecular y su potencial eléctrico. Cada estado es una oportunidad distinta para que **surjan reacciones químicas, ensamblajes moleculares o incluso formas de vida**.

En cada fase del ciclo del agua se dan condiciones únicas de temperatura, presión y energía, y que esos cambios constantes **generan diversidad bioquímica**. En las nubes, por ejemplo, las moléculas se cargan eléctricamente debido a la fricción y los rayos; en la superficie del océano, el agua se cubre de una película orgánica rica en ácidos grasos y aminoácidos; en la tierra, el agua infiltrada transporta minerales y iones que actúan como catalizadores naturales. Todo esto convierte al ciclo del agua en **un laboratorio biogeoquímico en permanente funcionamiento**.

> *"Nos olvidamos de que el agua no solo recorre el planeta, sino que también recorre nuestros cuerpos.El ciclo del agua exterior es el mismo ciclo del agua interior."*

Esta frase subraya una conexión profunda: el **agua del cuerpo humano** sigue las mismas leyes que el agua de los océanos. Ambas **respiran, condensan, purifican y renuevan energía**. Así como las lluvias limpian la atmósfera, **el agua intracelular renueva los tejidos y las emociones**. Desde esta perspectiva, la biología y la ecología dejan de estar separadas: **la vida humana es una extensión del ciclo planetario del agua**.

Cada fase del ciclo hidrológico puede ser vista como una etapa simbólica del ciclo de la vida:

- La **evaporación** representa la expansión y la búsqueda;
- La **condensación**, la organización de la forma;
- La **precipitación**, la encarnación;
- Y el **retorno al mar**, el regreso al origen.

De esta manera, **el agua no se repite nunca**, sino que **se transforma perpetuamente**, cargándose de información y energía en cada tránsito. Cada gota de agua es un archivo del planeta: contiene la memoria de los lugares por donde ha pasado, los minerales que ha tocado, los seres que ha nutrido.

> *"Cada molécula de agua es una viajera antigua; ha sido nube, hielo, lágrima, río, vapor, océano y célula.*
> *Es la memoria líquida de la Tierra."*

Esta visión enlaza con la **Hipótesis Gaia** de **James Lovelock** y **Lynn Margulis**, que plantea que la Tierra funciona como **un gran organismo autorregulado**, donde el agua cumple el papel de **fluido vital**. El equilibrio del clima, la composición del aire y la temperatura del planeta **dependen directamente de las propiedades dinámicas del agua**. Sin su capacidad para absorber calor, reflejar luz y redistribuir energía, **la vida no podría existir**.

El **agua no solo transporta materia, sino también energía e información**. Su estructura —capaz de cambiar según la vibración, la temperatura o el campo electromagnético—

la convierte en **el tejido que comunica todas las formas de vida**. Y así como el agua circula en la Tierra, **la consciencia circula en nosotros**, moviéndose de forma invisible pero constante.

> *"El ciclo del agua es el latido del planeta.*
> *Cada gota que cae del cielo es una respiración de la Tierra.*
> *Entender eso es empezar a entender la vida."*

Las limitaciones de los experimentos clásicos sobre el origen de la vida

Cuando hablamos del origen de la vida, la ciencia moderna suele referirse a los **famosos experimentos de Miller y Urey** (1953). Estos investigadores intentaron recrear las condiciones de la atmósfera primitiva de la Tierra: una mezcla de metano, amoníaco, vapor de agua e hidrógeno sometida a descargas eléctricas, imitando los rayos de las tormentas tempranas. El resultado fue que, tras unos días, se formaron **aminoácidos**, los bloques básicos de las proteínas.

Durante décadas, este experimento fue considerado **la gran prueba de que la vida podía surgir de manera espontánea**. Sin embargo, **el modelo de Miller y Urey, aunque ingenioso, está incompleto**. No logró explicar cómo esas moléculas sencillas podrían organizarse hasta formar sistemas coherentes y, sobre todo, **no resolvió el problema de la quiralidad**, una propiedad fundamental de las moléculas biológicas.

La cuestión de la quiralidad

La **quiralidad** (del griego *kheir,* "mano") se refiere al hecho de que ciertas moléculas pueden existir en dos formas simétricas, como una mano derecha y una izquierda. En química, se las llama **isómeros levógiros (L)** y **dextrógiros (D)**. Y aquí ocurre algo fascinante: **toda la materia orgánica viva utiliza solo una de esas dos versiones**. Las proteínas están formadas por aminoácidos levógiros, y los azúcares del ADN son exclusivamente dextrógiros. Sin embargo, en los experimentos de laboratorio como el de Miller y Urey, **las moléculas se producen en partes iguales**: 50 % de cada tipo. Es decir, **una sopa racémica** sin direccionalidad, sin preferencia. Y la vida **no es simétrica**, sino profundamente selectiva: elige una orientación. El misterio de por qué la naturaleza prefiere un sentido sobre el otro sigue siendo uno de los grandes enigmas de la biología.

> *"La vida no surge del azar, sino del orden.*
> *Y el orden no está en la mezcla, sino en el*
> *terreno donde la mezcla ocurre."*

Aquí se introduce el concepto clave del capítulo: **el terreno**. Miller y Urey imaginaron un mundo homogéneo, una "atmósfera" sin estructura, donde las reacciones químicas sucedían por casualidad. Pero la Tierra primitiva no era así. Era un planeta lleno de **superficies, campos eléctricos, gradientes térmicos y zonas de contacto entre agua, aire y minerales**. En esas interfaces, **las condiciones cambian radicalmente**, y el agua se comporta de manera distinta, formando **zonas de exclusión (EZ)** donde las moléculas pueden ordenarse y resonar entre sí. Este tipo de entornos —las **interfaces aire-agua** o **agua-mineral**— proporcionan **una direccionalidad energética** que podría explicar la aparición de la quiralidad.

El agua estructurada y los campos electromagnéticos asociados crean **condiciones asimétricas** donde una de las dos orientaciones moleculares se favorece sobre la otra. Así, la naturaleza "elige" sin azar: **la física del entorno guía la química de la vida**. En otras palabras, el error de los experimentos clásicos no está en su química, sino en su **ausencia de contexto**. Recrear la vida en un frasco sin reproducir **el campo energético del planeta, la estructura del agua y la interacción con el Éter** es como intentar hacer germinar una semilla sin tierra, sin luz y sin aire. El terreno —la energía y el agua en su coherencia— es la verdadera matriz de la biología.

> *"El laboratorio perfecto para el origen de la vida no está en un matraz, sino en la frontera entre el mar y el cielo, donde el agua respira con la luz."*

La vida no surge de una combinación casual de moléculas, sino de un **proceso de resonancia entre materia y campo**, donde el agua actúa como mediadora entre el mundo visible y el invisible. El terreno, entonces, **no es el escenario**, sino **el protagonista** del origen de la vida.

Las interfaces aire-agua y el papel de la quiralidad

Vamos a continuar profundizando en la idea central del capítulo: **la vida no surge en cualquier lugar, sino en los límites**, en las zonas donde **dos mundos se encuentran**. El agua, por sí sola, es dinámica y estructurada, pero cuando entra en contacto con el aire, **cambia radicalmente su comportamiento**. En esa frontera —la **interface aire-agua**— se dan condiciones electromagnéticas únicas que permiten **la organización de la materia en patrones coherentes**.

Cada superficie acuosa —una gota, una ola, una nube— está cargada eléctricamente. La diferencia de potencial entre el aire y el agua genera **microcampos eléctricos**, que orientan las moléculas, las agrupan y **rompen la simetría**. Este proceso, aparentemente simple, podría explicar **por qué las moléculas biológicas en la Tierra adoptan una orientación preferente**: la famosa **quiralidad**. Y aquí surge una pregunta crucial:

> *"¿Dónde podría la naturaleza elegir un sentido de giro?"*

La respuesta viene de la física: **en las superficies de contacto entre fases**, donde la energía se acumula y las moléculas se ordenan, **aparecen fenómenos de asimetría espontánea**. El agua, al formar su zona superficial, crea una **película de moléculas alineadas** que actúa como un espejo deformante: las vibraciones y las cargas ya no se distribuyen simétricamente. Allí, una forma molecular —

por ejemplo, la levógira— puede ser más estable o resonar mejor con el campo electromagnético del entorno. Así, el **agua misma selecciona la dirección de la vida**.

Esta hipótesis encuentra apoyo en los trabajos de la investigadora española **Marta Ruiz Bermejo**, del Centro de Astrobiología (CSIC-INTA). Ruiz Bermejo ha demostrado que **la síntesis de moléculas orgánicas aumenta drásticamente en microgotas de agua suspendidas en el aire**, es decir, en aerosoles. En estos sistemas —muy parecidos a las nubes o a la espuma marina—, la **relación entre superficie y volumen** se multiplica, amplificando los efectos electromagnéticos y **favoreciendo reacciones químicas que en masa líquida no ocurren**. En sus experimentos, pequeñas gotas de agua con compuestos prebióticos, al ser sometidas a radiación ultravioleta o microdescargas eléctricas, generaron **moléculas complejas de tipo orgánico**, similares a las que pudieron existir en la atmósfera primitiva terrestre (Ruiz-Bermejo et al., *Scientific Reports*, 2018). Esto sugiere que **las nubes mismas pudieron ser el primer reactor químico de la vida**.

> *"El agua de las nubes no está muerta, está creando vida.*
> *Cada gota suspendida en el aire es un microcosmos que respira, vibra y se ordena."*

El fenómeno se repite a múltiples escalas. En el mar, la fricción del viento genera **aerosoles cargados negativamente**, ricos en iones y microvesículas orgánicas.

Al ascender a la atmósfera, estas partículas **transportan materia orgánica y energía solar**, que puede reorganizarse en condiciones adecuadas. Las interfaces entre el océano y el aire, entre el agua y el hielo, entre el agua y las superficies minerales, **actúan como membranas catalíticas planetarias**, donde el agua se convierte en **una fábrica de moléculas biológicas**.

Aquí se entiende la **relación entre el agua y la quiralidad**: las superficies rompen la simetría. La energía del Sol, al incidir sobre una gota o sobre una capa de agua estructurada, genera **gradientes eléctricos y térmicos** que guían las moléculas hacia una orientación preferente. Así, la luz no solo calienta: **ordena**. Y el agua no solo disuelve: **da forma**.

> *"El agua, cuando respira con la luz, aprende a girar. Y ese giro, esa preferencia por un sentido, es el primer paso hacia la vida."*

Este principio —el del **giro orientado** o la **simetría rota**— es universal: aparece en los campos magnéticos de los planetas, en las hélices del ADN, en las galaxias espirales. Todo lo que vive, gira.Y todo lo que gira, lo hace siguiendo **una dirección preferente que nace en el agua**. En este sentido, la quiralidad no sería una anomalía, sino **la huella energética del terreno**. La vida, como el agua, elige su orientación no por azar, sino por resonancia: **el entorno determina la forma**, y la forma perpetúa la vibración del entorno. Así, la biología se revela como una extensión de la física del agua.

La película orgánica del agua y la dinámica marina

"Toda superficie acuática está viva."

Esa afirmación, que a primera vista podría parecer poética, es en realidad **una descripción científica precisa**. Desde los lagos hasta los océanos, pasando por las gotas de lluvia o las nubes, **cada superficie de agua está recubierta por una delgada película orgánica**, apenas unas micras de espesor, que **modifica sus propiedades químicas, eléctricas y ópticas**. Esa capa actúa como una **membrana planetaria**, donde se encuentran el aire, el agua y la luz. Los estudios oceanográficos modernos han demostrado que esa película —llamada también *microlámina superficial marina*— **contiene una mezcla compleja de compuestos orgánicos**: ácidos grasos, alcoholes, ésteres, aminoácidos, esteroles, pigmentos y restos de fitoplancton. Estas moléculas no flotan al azar: **se orientan, se autoorganizan y forman estructuras semejantes a las membranas celulares**. Así, el océano, en su superficie, **imita a la célula**, y la célula, a su vez, **refleja al océano**.

"El mar es una célula a escala planetaria."

Esta película orgánica cumple múltiples funciones:

- **Regula el intercambio gaseoso** entre la atmósfera y el agua, controlando el flujo de dióxido de carbono, oxígeno y vapor.

- **Atenúa la evaporación** y modula la formación de nubes.
- **Aumenta la captación de luz solar**, almacenando energía en sus enlaces químicos.
- Y, sobre todo, **actúa como un catalizador natural** para la síntesis de nuevas moléculas orgánicas.

En las interfaces marinas, los rayos ultravioleta, el viento y los campos eléctricos de la atmósfera **activan reacciones químicas** que transforman los compuestos simples disueltos en el agua —como el metano o el amoníaco— en estructuras más complejas. En este sentido, el **océano funciona como una gigantesca fábrica bioquímica**, una matriz colectiva de vida. Y esa "piel" del mar es **su órgano sensorial más sensible**, el lugar donde el planeta respira e intercambia energía con el cosmos.

Este proceso no es nuevo: **ocurre desde hace miles de millones de años**. Las primeras moléculas orgánicas probablemente se formaron en las superficies del océano primitivo, bajo la acción combinada de **la radiación solar, los campos eléctricos de la atmósfera y la dinámica del agua salada**. A partir de esa película viva se desarrollaron micelas, burbujas y vesículas que, con el tiempo, la energía e información coherente, **evolucionaron hacia las primeras membranas celulares**. La vida comenzó **en una interfaz**: allí donde la energía del cielo y la materia de la Tierra se tocaban a través del agua.

> *"La vida no nació en un charco estático, sino en una superficie vibrante, entre el aire y el mar, donde la luz podía reflejarse y penetrar."*

La película orgánica del agua tiene además un papel esencial en la **dinámica térmica del planeta**. Actúa como **un modulador energético**, absorbiendo calor durante el día y liberándolo durante la noche. Sin esta capa, los océanos perderían energía con demasiada rapidez, y el clima terrestre sería mucho más extremo. Es decir, **el agua no solo sostiene la vida, sino que la protege**.

Este fenómeno nos permite ver el planeta como un **sistema coherente de escalas anidadas** —fractal—: la superficie del mar se comporta como una **membrana celular global**; los océanos son **el citoplasma del planeta**; la atmósfera, su **respiración**; y el Sol, su **fuente de energía**. De hecho, los mismos procesos que ocurren en la película superficial del agua —polarización, autoorganización, intercambio iónico— **también ocurren en las membranas de nuestras células**. La biología, así entendida, **replica el funcionamiento del planeta**.

> *"La membrana del océano y la membrana de una célula son dos versiones de un mismo principio: la frontera donde la energía se convierte en vida."*

Esta analogía conecta con la visión de **Mae-Wan Ho**, quien describía a los organismos vivos como **sistemas acuosos coherentes** atravesados por campos electromagnéticos. La vida, según esta perspectiva, **no está confinada en los cuerpos**, sino distribuida en todo el planeta como una red de agua vibrante, que se comunica y se renueva sin cesar. Cada ola, cada célula, cada respiración participa del mismo pulso.

> *"Si el océano tiene una piel viva, entonces la Tierra entera es un organismo. Cada gota, cada molécula, cada célula está conectada con el todo. La biología es solo el eco de una física más grande: la física del agua en resonancia con el cosmos."*

Salinidad, energía y la generación de moléculas

> *"El agua del mar no siempre tiene la misma composición. Y cuando cambia su salinidad, cambia también su comportamiento."*

La salinidad —la concentración de sales disueltas, sobre todo cloruros, sulfatos y carbonatos— **no es solo un dato químico**, sino una **variable energética** que determina la capacidad del agua para almacenar y transformar energía. Las diferencias de salinidad alteran la **constante dieléctrica** del agua, su estructura molecular y su respuesta a los campos electromagnéticos. Y esos cambios, aunque parezcan mínimos, **modifican radicalmente su potencial bioquímico**.

En condiciones específicas, cuando la salinidad aumenta entre **1,2 y 1,5 veces el valor promedio del agua marina**, **las reacciones orgánicas se aceleran**. En ese rango, las moléculas tienden a **autoensamblarse con mayor facilidad**, generando **aminoácidos, ácidos grasos y péptidos cortos**. Estos compuestos, según muestran los experimentos, **se forman de manera espontánea** al combinar radiación solar, evaporación parcial y el efecto catalítico de los iones. Es probable que **las primeras formas de materia orgánica surgieran en zonas costeras y lagunas salobres**, donde el agua estaba concentrada por la evaporación y continuamente expuesta al Sol. Allí, los ciclos diarios de **evaporación, condensación y radiación ultravioleta** actuaban como una especie de respiración química, **estructurando y reorganizando la materia**. El agua salada, en lugar de obstaculizar las reacciones, **las guiaba**, sirviendo de puente entre la energía luminosa y las moléculas complejas.

> *"El mar, al evaporarse, se convierte en alquimista: disuelve, coagula y transforma."*

El papel de la sal es crucial porque **los iones disueltos en el agua (Na^+, Cl^-, Mg^{2+}, Ca^{2+}, SO_4^{2-})** actúan como **mediadores eléctricos**. Al interactuar con las moléculas de agua, **rompen y reconfiguran los enlaces de hidrógeno**, permitiendo la formación de **dominios coherentes**. En estos dominios, la energía electromagnética se almacena y redistribuye, favoreciendo la unión de moléculas que normalmente no reaccionarían. Así, el agua salada se comporta como **un reactor cuántico natural**, una matriz vibrante donde la energía se traduce en estructura.

Los experimentos modernos confirman que los **gradientes de salinidad y temperatura** generan **microcorrientes eléctricas** en el agua, fenómeno conocido como **efecto Seebeck acuoso**. Estos microvoltajes, aunque diminutos, **son suficientes para orientar moléculas polares** y promover su enlace. En las orillas, donde las mareas suben y bajan, esos gradientes se repiten miles de veces, creando **un laboratorio de reacciones cíclicas**, perfectamente sincronizado con los ritmos del planeta.

Esta idea **rompe con la noción mecanicista del origen de la vida**. No se trata de un evento fortuito, sino de **una consecuencia natural de la física del agua y del terreno**. Cuando las condiciones —salinidad, radiación, pH y estructura— alcanzan cierto equilibrio dinámico, **la materia se ordena por sí misma**. No hay milagro, sino coherencia.

> *"El terreno no es el escenario de la vida,*
> *es su autor.*
> *Cada molécula que surge, cada estructura*
> *que se forma, es una expresión de su*
> *energía interna."*

El agua salina, además, **funciona como un medio de almacenamiento energético a largo plazo**. La radiación solar absorbida por los dominios coherentes se transforma en energía eléctrica y térmica, que luego puede ser liberada lentamente. Este principio es el mismo que explica la **formación de clatratos, micelas y membranas**, estructuras donde la materia viva encuentra estabilidad y orden. A escala planetaria, los océanos realizan ese mismo proceso en cada ola, en cada evaporación, en cada brisa marina. La **vida no se separa del agua**, sino que **es el resultado de su permanente reorganización energética**. Por eso, **entender el terreno es entender el origen**.

*"La vida no surgió en el agua por azar.
Surgió porque el agua, al recibir la luz, se volvió consciente de sí misma. La sal le dio estructura; la* energía, *movimiento; y el terreno, propósito.
Allí empezó todo."*

Capítulo 5

El Origen de Todo

El caos primordial y la intuición del orden

> *"Antes que nada existió el Caos."*—
> Hesíodo, Teogonía

Con esta cita del poeta griego **Hesíodo**, abrimos el capítulo 5 y te invito a realizar un viaje hacia los orígenes del pensamiento humano: **cuando el ser humano empezó a observar la naturaleza y a preguntarse por el sentido del mundo**. Imaginemos a aquellos primeros hombres y mujeres que levantaron la mirada hacia el cielo estrellado o contemplaron el fluir de un río. En esa contemplación nació la pregunta esencial:

> *"¿Qué rige la naturaleza? ¿Por qué las cosas existen y cambian?"*

La respuesta que ofrecieron los antiguos no fue científica en el sentido moderno, sino **simbólica y profunda**. Percibieron que la naturaleza mostraba **dos rostros complementarios**: uno ordenado, armonioso, donde los ciclos se repetían y la vida florecía; y otro caótico, impredecible, donde la destrucción y la transformación eran inevitables. Ambos aspectos —cosmos y caos— no eran enemigos, sino **fuerzas hermanas**, necesarias para mantener el equilibrio del universo.

Esa intuición —presente ya en los mitos griegos, egipcios, hindúes o mesoamericanos— anticipaba lo que hoy entendemos como **sistemas complejos**: procesos donde el orden y el desorden se entrelazan para crear estructuras nuevas.

> *"Desde el principio los seres humanos intuyeron que el mundo no era estable ni predecible, sino dinámico, creativo y cíclico."*

El caos, en su sentido original, **no significa desorden absoluto**, sino *apertura, vacío fértil, matriz del ser*. En griego, *Khaos* designaba **la grieta, la hendidura**, el espacio primordial del que todo emerge. El cosmos, por su parte, proviene de *kosmein*, "ordenar" o "embellecer". La creación, entonces, sería el resultado del encuentro entre ambos: el caos como potencial, el cosmos como forma. El universo, en este sentido, **no nace del azar**, sino de la tensión entre energía y estructura.

El caos no es enemigo del orden, sino **su condición necesaria**: el espacio donde la energía puede reinventarse. Cuando el caos irrumpe, destruye las formas rígidas, pero al hacerlo **libera la posibilidad de lo nuevo**. Por eso, los antiguos sabios no temían al caos: lo veneraban. Sabían que cada tormenta, cada incendio, cada muerte, **es también un principio**.

Esta comprensión cíclica se encuentra en la *Teogonía* de Hesíodo, pero también en los textos védicos, en el *Popol Vuh* maya y en los mitos egipcios de Atum, el dios que surge del Nun, el océano primordial. Todas esas tradiciones coinciden en una misma idea: **la existencia no comenzó con la materia, sino con la consciencia del cambio**.

> *"Cuando el ser humano empezó a observar el mundo, descubrió en la naturaleza una inteligencia que se manifiesta en ciclos. Nada se repite exactamente, pero todo se renueva. Donde parece haber destrucción, hay transformación; donde parece caos, hay germen de orden."*

Esa observación ancestral es la semilla de toda filosofía y de toda ciencia. El pensamiento nace cuando **la consciencia se separa de lo observado**, cuando el ser humano se pregunta por su propio lugar dentro de ese movimiento cósmico. Y en esa pregunta surge la intuición de que **existen leyes invisibles** que mantienen la coherencia del universo. Aunque no podamos preverlo todo, sentimos que el mundo **tiene una dirección**, un sentido. El caos no es ciego; **es creativo**.

> *"Si el cosmos fuera puro orden, nada podría cambiar. Si fuera puro caos, nada podría sostenerse. La vida existe porque el universo danza entre ambos."*

Este primer apartado nos sitúa, así, ante el misterio fundamental del origen: **el universo como un proceso de**

equilibrio dinámico entre caos y orden, energía y forma, movimiento y consciencia. De esa interacción —como veremos en los apartados siguientes— **surgirá la complejidad, la inteligencia y la vida misma**.

El ciclo natural de creación, equilibrio y transformación

> *"Todo lo que nace, cambia; y todo lo que cambia, persiste."*
> — Heráclito de Éfeso

Si el apartado anterior nos hablaba del caos como el origen fecundo del universo, este segundo nos lleva a comprender **cómo ese caos se organiza en ciclos de creación y renovación**. Nada en la naturaleza es lineal, todo —desde el movimiento de los planetas hasta la respiración de una célula— **sigue una secuencia de nacimiento, desarrollo, plenitud y disolución**. Esa estructura cíclica no es solo un patrón visible, sino **una dinámica universal**.

La materia, la vida y la consciencia **no evolucionan por acumulación**, sino por procesos de **transformación periódica**. Cada etapa prepara la siguiente; cada final es el inicio de un nuevo orden. La naturaleza no se opone a la muerte, sino que **la integra como parte del flujo vital**. El equilibrio no consiste en permanecer estático, sino en **oscilar armoniosamente entre opuestos complementarios**.

> *"En la Tierra, todo lo que parece destrucción es, en realidad,*

reorganización. Las crisis son los mecanismos mediante los cuales la vida se renueva."

Esta visión coincide con la etimología de la palabra **crisis**, que proviene del griego *krinein*, "decidir" o "separar". En la antigua medicina hipocrática, una crisis no era una catástrofe, sino **un momento decisivo del proceso de curación**. El organismo, al llegar a su punto máximo de tensión, **reajustaba sus fuerzas internas** para recuperar la armonía. Del mismo modo, en la naturaleza las crisis —terremotos, tormentas, incendios, extinciones— **no destruyen la vida**, sino que la **reorganizan a otra escala**. El universo entero parece moverse siguiendo ese principio: **crisis como oportunidad**.

Recuerda la interpretación china del concepto *wei ji*, que combina los caracteres de "peligro" y "oportunidad". Ese doble significado refleja una verdad profunda: **en cada colapso se esconde un germen de evolución**. Cuando el equilibrio de un sistema se rompe, **se libera energía**, y esa energía puede reorganizar la materia en formas más complejas y estables. Lo que a simple vista parece caos, **es un proceso de reajuste hacia una nueva coherencia**.

Así lo demostraron los estudios del físico **Ilya Prigogine**, quien describió cómo los sistemas abiertos —como el clima, los ecosistemas o los organismos vivos— pueden **autoorganizarse espontáneamente** cuando se alejan del equilibrio. En esos momentos de inestabilidad surgen **estructuras disipativas**, configuraciones temporales que permiten al sistema **absorber, transformar y redistribuir energía** de manera más eficiente. La vida misma sería una de esas estructuras: **una forma organizada de gestionar el desequilibrio**.

> *"La vida es el arte de mantener el desequilibrio sin perder la armonía."*

Este principio se aplica a todos los niveles:

- Las **células** se dividen y renuevan mediante rupturas controladas de su equilibrio interno.
- Los **ecosistemas** se regeneran tras incendios o sequías, alcanzando una diversidad mayor.
- Las **sociedades humanas**, tras las crisis, reinventan su estructura cultural y su tecnología.
- Y en el plano individual, **las crisis personales** pueden transformarse en crecimiento y consciencia.

Nada muere completamente: **todo se recicla en el gran circuito de la energía**; el agua que hoy respiramos estuvo alguna vez en el océano primitivo. Incluso nuestros pensamientos **participan de esos ciclos**, pues cada idea que se disuelve deja espacio para una comprensión más profunda. Esta visión elimina la oposición entre caos y orden, entre vida y muerte. Lo que llamamos "final" es solo **una transición de fase**, como el paso del agua al vapor o del invierno a la primavera. La vida no teme al cambio: **es el cambio**.

> *"Cuando entendemos los ciclos,*
> *desaparece el miedo.*
> *Porque vemos que detrás de cada*
> *destrucción hay una inteligencia, y detrás*

> *de cada crisis, una oportunidad de renacer."*

La evolución no es una línea ascendente, sino **una espiral**. Cada vuelta amplía la consciencia y la complejidad, pero el centro permanece: **el mismo pulso universal que organiza todo lo existente**. Y ese pulso, esa vibración entre orden y caos, **es el origen de todo lo que somos**.

Consciencia y previsión: la mente como parte del orden universal

> *"El universo no es una máquina ajena a nosotros; somos la forma que el universo ha elegido para observarse a sí mismo."*
> *— Carl Sagan*

Quiero abrir este apartado con una idea central: **la consciencia no es una excepción dentro del universo, sino una de sus expresiones naturales**. El pensamiento, la memoria, la imaginación, incluso la intuición, no son fenómenos aislados de la materia, sino **manifestaciones del mismo principio de organización que rige las estrellas, los ecosistemas o las moléculas de agua**. Desde esta perspectiva, **la mente humana es parte del orden universal**, no un espectador externo. La consciencia **es el espejo en el que el cosmos se reconoce**. Así como el agua refleja la luz, la mente refleja el universo. Ambas son estructuras coherentes que **organizan la energía y la información**.

> *"La inteligencia no está solo en el cerebro; está en la naturaleza entera. Nosotros simplemente la expresamos en un grado más humanamente complejo."*

Esta idea está profundamente enraizada en la tradición filosófica. Los presocráticos llamaban *Logos* a la razón que atraviesa todas las cosas. Para ellos, el pensamiento humano era un fragmento de ese orden cósmico: **una chispa de la inteligencia universal**. Hoy la ciencia moderna, a través de la teoría de sistemas y la física cuántica, empieza a redescubrir esa antigua intuición: **la consciencia no surge de la materia inerte**, sino que **la materia misma es potencialmente consciente**, porque responde, se organiza y aprende.

Un ejemplo sencillo: cuando una célula reacciona ante un estímulo, evalúa información, toma decisiones, almacena memoria y se adapta. Esa capacidad de respuesta y anticipación —aunque primitiva— **es una forma elemental de consciencia**. La previsión, la capacidad de imaginar o de anticipar lo que aún no ocurre, **no es un privilegio humano**, sino una **propiedad del universo que se replica en todos los niveles de complejidad**.

> *"El universo se anticipa constantemente a sí mismo.*
> *Las galaxias, las plantas, los animales y nosotros, todos participamos de esa inteligencia que se proyecta hacia el futuro."*

En biología, este principio se manifiesta como **homeostasis**: la capacidad de un sistema de prever y corregir desviaciones antes de que se produzca un daño. En física, se expresa en los **atractores extraños** que orientan la evolución de los sistemas complejos. En la mente humana, adopta la forma de **imaginación, empatía y creatividad**. Todo ello son diferentes modos de una misma tendencia natural hacia la **coherencia**.

> *"Pensar es participar en la creación. Cada pensamiento modifica la estructura energética del entorno. La mente no observa la realidad desde fuera: la co-crea."*

Desde esta visión, **la consciencia no es un subproducto del cerebro**, sino **una función del campo energético del universo**, modulada por el cuerpo humano. El cerebro actúa como un **transductor**, una antena que capta y organiza la información del campo coherente que nos rodea. Cuando la mente está en armonía —cuando se aquieta el ruido del pensamiento disperso—, **resuena con ese orden cósmico**, y la intuición se vuelve conocimiento directo. Por eso, muchas tradiciones espirituales insisten en el silencio, la contemplación o la meditación: son **formas de sincronizar la mente con la inteligencia del universo**.

David Bohm, uno de los grandes físicos cuánticos, propuso que la realidad tiene **un orden implicado** —una estructura invisible y coherente— que se despliega como mundo manifestado. La consciencia sería, entonces, **la experiencia del universo desplegándose a través de**

nosotros. El pensamiento, en su forma más elevada, **no es análisis, sino resonancia**.

> *"Cuando comprendemos algo profundamente, no lo hacemos por acumulación de datos, sino porque vibramos en la misma frecuencia que aquello que comprendemos."*

Esa resonancia es la raíz de toda previsión. La mente humana puede imaginar el futuro porque **participa del flujo temporal del cosmos**. No adivina: **recuerda hacia adelante**. Cada acto creativo, cada intuición científica, cada impulso de compasión, son **manifestaciones del mismo principio universal de orden consciente**.

> *"Si la consciencia es parte del universo, entonces conocernos a nosotros mismos es conocer el cosmos.*
> *Cada pensamiento coherente, cada emoción en armonía, es una forma de experimentar el orden universal."*

Así, el pensamiento deja de ser una actividad privada para convertirse en **una fuerza cósmica**, una forma de continuidad entre la energía, la vida y la mente. El universo no nos piensa: **piensa a través de nosotros**.

El universo como sistema complejo

> *"El universo no es una máquina perfecta, sino una sinfonía viva."*
> — Ilya Prigogine

Hasta este punto, he mostrado cómo el caos y el orden son las dos caras del mismo proceso cósmico. Ahora vamos a dar un paso más: **el universo entero se comporta como un sistema complejo**, una red dinámica donde todas las partes están interconectadas y donde el cambio no destruye el equilibrio, sino que **lo renueva**. En los sistemas complejos, **el orden surge del desorden**. De la turbulencia nacen los remolinos, de las fluctuaciones emergen los patrones, de la incertidumbre aparece la forma. Nada está aislado; **cada nivel de la realidad influye en los demás**, desde las partículas subatómicas hasta las galaxias, desde los ecosistemas hasta la mente humana. Todo participa de **una misma lógica de autoorganización**.

La **autoorganización** es la capacidad de un sistema para **mantener su coherencia interna a pesar de las perturbaciones externas**. Es lo que permite que el cuerpo regule su temperatura, que un bosque se regenere tras un incendio o que una célula repare su ADN. La vida, el clima, la consciencia, e incluso el cosmos, **siguen esa misma ley**. No son máquinas que obedecen a un diseño previo, sino **procesos que se crean a sí mismos**.

> *"El universo no fue programado se está programando continuamente."*

Esta visión rompe con el determinismo mecanicista del siglo XIX. Ya no podemos pensar en la realidad como un engranaje de relojería. El universo no está controlado por un destino fijo, sino por **un conjunto de reglas flexibles**, donde posibilidad, consciencia y necesidad se entrelazan. Los sistemas complejos operan en el **borde del caos**: lo suficientemente ordenados para conservar la estructura, pero lo bastante abiertos para permitir la innovación. Esa franja de equilibrio dinámico es el **espacio de la vida y de la creatividad**. La física contemporánea, la biología de sistemas y la teoría de la información confirman esta intuición ancestral: **la naturaleza es una inteligencia autoorganizadora**. Cuando un sistema alcanza un punto crítico, no colapsa, sino que **se reorganiza a un nivel superior de complejidad**. Lo mismo ocurre con las sociedades humanas, con la evolución biológica y con el pensamiento. Cada crisis —como vimos en el apartado anterior— **es un salto evolutivo disfrazado**.

> *"El universo no improvisa. Cada aparente accidente es una bifurcación del orden. La coherencia no se pierde: se transforma."*

Esta comprensión nos libera del concepto de azar ciego. Nada en la naturaleza es caótico en el sentido de "sin sentido". Incluso el caos obedece a una geometría oculta, visible en los fractales, en los campos magnéticos, en el crecimiento de las plantas o en la distribución de las poblaciones de animales. Esa geometría es **la huella del orden interno del universo**, una música silenciosa que conecta todas las cosas.

> *"Cuando miramos un fractal, estamos viendo la firma del universo en miniatura: la repetición de un mismo patrón a infinitas escalas."*

En los sistemas complejos, **pequeñas variaciones pueden desencadenar grandes consecuencias**. Es lo que el meteorólogo Edward Lorenz ilustró con su famoso "efecto mariposa": el simple aleteo de una mariposa en Brasil podría, en última instancia, contribuir a generar una tormenta en Texas. Esta metáfora no solo describe la meteorología, sino **toda la trama de la existencia**. Cada pensamiento, cada gesto, cada emoción humana **resuena en el campo colectivo**, porque formamos parte de un sistema interdependiente. Nada se pierde, todo se transforma y **todo contribuye al equilibrio del conjunto**.

La realidad, entonces, no es una suma de objetos, sino **una red de relaciones**. Esa red se mantiene viva gracias a la información que circula por ella. En el fondo, el universo es **un campo informacional autoorganizado**, donde la energía se convierte en forma, y la forma, a su vez, vuelve a energía. Somos parte activa de ese flujo: **cada mente, cada célula y cada estrella participan en la misma dinámica de coherencia**.

> *"Comprender el universo como un sistema complejo es entender que la vida, el pensamiento y el cosmos son una sola corriente.*
> *No existen jerarquías: solo niveles de organización."*

Así, el orden no se impone desde fuera, sino que **emerge desde dentro**. El universo no necesita un creador externo porque **es autocreador**: se renueva continuamente a través de sus propias leyes de resonancia y transformación. De ese proceso —esa danza permanente entre caos y coherencia— **nace la consciencia misma**.

"Nada está separado .El universo respira en nosotros, y nosotros respiramos en él.Entender esto es volver al origen: al punto donde el caos y el orden son uno solo."

La salud, la armonía y el orden natural

"La salud no es la ausencia de enfermedad, sino la presencia de equilibrio."
— *Atribuido a* Hipócrates de Cos

La salud es el reflejo directo del orden natural, la expresión de la coherencia que sostiene el universo en todas sus escalas. Si el cosmos, la vida y la consciencia se organizan como sistemas complejos en equilibrio dinámico, entonces **el cuerpo humano es una réplica de ese mismo principio universal**: un microcosmos dentro del macrocosmos.

El cuerpo no es una máquina compuesta de piezas independientes, sino **una red de interacciones energéticas y biológicas** en constante comunicación. Cada célula, cada órgano, cada sistema vibran dentro de un campo de resonancia común, que mantiene la **coherencia global del organismo**. Cuando ese campo se desordena —por estrés, toxinas, emociones reprimidas o entornos incoherentes—, el cuerpo **manifiesta el desequilibrio** a través del síntoma.

> *"La enfermedad no es un enemigo; es el lenguaje del cuerpo para restaurar el orden perdido."*

Esta idea rompe con el paradigma mecanicista de la medicina clásica. Desde esta nueva comprensión, **la enfermedad no aparece por azar ni por invasión externa**, sino como una **reacción inteligente de adaptación**. Cada síntoma es un intento del sistema por **recuperar su coherencia interna**. Así como los ecosistemas utilizan el fuego o las tormentas para regenerarse, **el cuerpo utiliza la crisis como herramienta de renovación**.

Esta visión se puede relacionar con la de **Ryke Geerd Hamer** y *las 5 Leyes Biológicas*, que interpreta los procesos biológicos como **programas adaptativos** activados por un conflicto bio-emocional. Desde este enfoque, el cuerpo no "enferma": **responde**, reorganiza, compensa, transforma. Y cuando el conflicto se resuelve, **el organismo vuelve naturalmente al equilibrio**.

En términos de física de sistemas, esto equivale a decir que **el cuerpo es un sistema autoorganizado en equilibrio homeostático**. Cada célula contiene la información necesaria para restaurar el orden global y se coordina con el reto del organismo, del mismo modo que el universo contiene las leyes que regulan su evolución por la interacción de todos sus elementos. La salud, entonces, no es un estado estático, sino **un proceso dinámico de coherencia**, un fluir constante entre el caos y el orden.

> *"Vivir en salud no significa evitar el cambio, sino aprender a danzar con él."*

Esa danza ocurre en todos los niveles:

- En el nivel físico, como regeneración celular.
- En el emocional, como liberación y reajuste.
- En el mental, como comprensión, creatividad y expansión de la consciencia.
- En el espiritual, como alineación con el flujo universal de la vida.

La **armonía**, por tanto, no se alcanza luchando contra el desorden, sino **integrándolo**. El cuerpo no necesita ser forzado a sanar, sino **escuchado y acompañado**. Cuando la mente se aquieta, el sistema recupera su ritmo natural y la energía fluye nuevamente en coherencia.

Esto es algo que ya decían las antiguas medicinas del mundo: la medicina china, con su búsqueda del equilibrio entre Yin y Yang; la medicina ayurvédica, con la armonía entre los tres doshas; y la medicina hipocrática, que veía la salud como **la justa proporción de los elementos**. Todas coinciden en lo mismo: **la salud es orden**, la enfermedad, **una oportunidad de reajuste**.

> *"El orden natural no necesita ser impuesto: emerge cuando dejamos de interferir.*
> *El cuerpo sabe curarse, como el bosque sabe regenerarse después del fuego."*

Desde esta visión, la salud no se conquista, se **reconoce**. Está en la coherencia entre lo que pensamos, sentimos y hacemos. Pero, cuando esa coherencia se pierde, aparece el conflicto y, cuando se recupera, surge la curación. El cuerpo, la mente y el espíritu **no son entidades separadas**, sino expresiones de un mismo campo energético y de información.

> *"El universo busca siempre el equilibrio, y nosotros somos parte de ese impulso.*
> *Cada célula, cada pensamiento y cada emoción participan de la inteligencia cósmica.*
> *Comprenderlo es sanar: volver a vibrar al ritmo del orden natural."*

Capítulo 6

Sistemas Complejos.

Interconexión y caos determinista

> *"Cuando comprendemos el caos, descubrimos que el universo nunca ha sido caótico."*
> *— Ilya Prigogine*

El caos no es lo opuesto al orden, **es su forma más profunda**, es la maximización de la información. Durante siglos, la humanidad identificó el desorden con el error, la irregularidad o el fracaso de la ley. Sin embargo, la ciencia contemporánea ha revelado que, detrás de lo que parece azaroso, **existen patrones invisibles que conectan todos los fenómenos del universo**. Esta comprensión moderna nace de la llamada **teoría del caos determinista**, un campo que revolucionó la física, la biología y la filosofía a partir de la segunda mitad del siglo XX.

Su premisa es simple, pero transformadora: **el mundo no es predecible, pero sí coherente**. Es decir, los sistemas naturales no se comportan de manera aleatoria; siguen reglas exactas, aunque sus resultados sean imposibles de predecir con exactitud. El caos, entonces, **no es falta de ley**, sino **la expresión de una ley infinitamente sensible**.

> *"Incluso una pequeña diferencia en las condiciones iniciales puede producir resultados completamente distintos."*
> — Edward Lorenz

Los sistemas complejos —como el clima, el cuerpo humano, un ecosistema o una relación afectiva— están formados por **inumerables interacciones simultáneas**. Cada una influye en las demás, generando **una red de retroalimentaciones infinitas**. Esa interconexión hace que un cambio diminuto en cualquier punto pueda propagarse y modificar el conjunto. Así, el universo entero funciona como una sinfonía de relaciones, donde cada nota, por pequeña que sea, resuena en el todo.

En los años sesenta, el meteorólogo Edward Lorenz descubrió el caos determinista por casualidad. Trabajando en un modelo informático para predecir el tiempo, repitió un cálculo con valores ligeramente redondeados y obtuvo resultados completamente diferentes. De ese hallazgo nació el concepto de efecto mariposa: la idea de que el aleteo de una mariposa en un lugar puede alterar el clima del planeta semanas después.

Este principio no es poético, sino físico: en los sistemas no lineales, las pequeñas causas pueden generar grandes efectos, puesto que son amplificadas por la energía del propio sistema. Esta sensibilidad no es fragilidad, sino inteligencia del sistema. La naturaleza no busca estabilidad rígida, sino coherencia dinámica. El desorden aparente es el medio a través del cual el universo explora nuevas formas de equilibrio. Cada cambio local se propaga, se amplifica o se atenúa, dando lugar a patrones de autoorganización que mantienen la continuidad del conjunto.

> *"El caos no destruye el orden, lo renueva. Es el lenguaje que el universo utiliza para reinventarse."*

En la teoría de los sistemas complejos, este proceso se describe con el concepto de **no linealidad**: las causas y los efectos no guardan proporción directa. Una acción mínima puede producir un resultado inmenso, o ninguna consecuencia visible. El comportamiento global no se deduce de las partes, sino de **las relaciones entre ellas**. Por eso, la vida no puede explicarse sumando moléculas o genes; solo puede entenderse como **una red de interacciones** en permanente adaptación.

Esta idea redefine nuestra visión del mundo. Si todo está conectado y cada variación influye en el conjunto, entonces **ningún acto es insignificante**. Cada pensamiento, cada emoción, cada gesto humano **genera una onda de resonancia** en el tejido invisible del universo. La consciencia individual deja de ser un fenómeno privado para convertirse en **una fuerza dentro del sistema global de la vida**.

El caos determinista **une ciencia y espiritualidad** bajo una misma comprensión. La física ya no es una descripción de objetos aislados, sino **una narrativa de relaciones**. El cosmos no es una maquinaria externa al observador, sino **una totalidad viva que incluye nuestra mirada**. La consciencia, al observar, **modifica el sistema observado**

al que pertenece, y la realidad responde de manera creativa.

> *"No hay un universo allá afuera separado de nosotros.*
> *Hay un único sistema del que formamos parte, y cada pensamiento es una vibración dentro de él."*

El caos determinista, lejos de ser una amenaza al orden, **es la garantía de la evolución**. La vida, los ecosistemas y las civilizaciones se transforman gracias a esa capacidad del sistema para reinventarse en la inestabilidad. Cada colapso abre la puerta a un nuevo nivel de organización. Y así, como en una espiral infinita, **el universo se perfecciona a través del cambio**.

> *"Comprender el caos es reconciliarnos con la vida.*
> *Es aceptar que el cambio es la forma más alta de equilibrio.*
> *Que todo lo que parece fragmentado está unido por una ley más profunda:*
> *la interconexión universal."*

El juego de la vida de Conway

> *"De la simplicidad nace la complejidad.*
> *Del orden aparente, el misterio del movimiento."*
> — John Horton Conway

Para entender cómo el orden puede surgir del caos, hay un ejemplo fascinante: **el Juego de la Vida**, creado por el matemático británico **John Horton Conway** en 1970. A simple vista, parece un pasatiempo digital; sin embargo, este experimento encierra **una de las lecciones más profundas sobre la naturaleza del universo**. El "Juego de la Vida" no tiene jugadores, ni ganadores, ni objetivos explícitos. Se desarrolla sobre una cuadrícula donde cada celda puede estar **viva (1)** o **muerta (0)**. En cada turno, el estado de las celdas cambia siguiendo **cuatro reglas básicas**:

1. Una célula viva con menos de dos vecinas vivas muere (soledad).
2. Una célula viva con más de tres vecinas vivas muere (saturación).
3. Una célula viva con dos o tres vecinas vivas sobrevive.
4. Una célula muerta con exactamente tres vecinas vivas cobra vida (nacimiento).

Y nada más. No hay azar, ni intervención humana, ni instrucciones adicionales. Solo esas reglas, repetidas indefinidamente, producen una **explosión de complejidad**. Al ejecutar el modelo, **surgen patrones inesperados**: estructuras que se mueven, se reproducen y hasta parecen "pensar". Aparecen **gliders** (planeadores) que cruzan la pantalla, **osciladores** que vibran en ciclos, y **constructores** capaces de generar nuevas formas, formas que operan como puertas lógicas —unidades básicas de proceso en un microprocesador y que unidas replicarían un ordenador en el que se puede volver a programar el

Juego de la Vida—. Todo emerge de la interacción local entre células que "solo" obedecen reglas simples.

> *"Conway mostró que la vida no necesita*
> *un plan maestro.*
> *Solo necesita condiciones adecuadas para*
> *que el orden emerja espontáneamente."*

Este descubrimiento es mucho más que un juego matemático. Es una metáfora del universo: **la complejidad surge de la sencillez**, el orden emerge de las relaciones locales, no de un diseño central. Lo mismo ocurre en los ecosistemas, las sociedades o el cerebro: **cada parte actúa de forma autónoma, pero el conjunto se comporta con coherencia**.

Este principio también se puede aplicar al funcionamiento del cuerpo humano. Ninguna célula "sabe" qué es el cuerpo completo, pero todas obedecen las mismas leyes bioeléctricas y químicas. De esa cooperación emerge la vida, el pensamiento y la consciencia. Del mismo modo, **la evolución cósmica podría entenderse como un gigantesco "juego de la vida"**, donde las reglas del universo, la información y la energía, generan formas cada vez más complejas y organizadas.

> *"El universo es un autómata celular*
> *infinito: cada partícula actúa según leyes*
> *locales y no-locales, pero el resultado es la*
> *sinfonía global que llamamos existencia."*

Este experimento también transformó la forma en que entendemos el **determinismo**. Aunque las reglas son fijas, el resultado es impredecible. No porque sea azaroso, sino porque **la cantidad de interacciones es infinita**. Pequeños cambios en la configuración inicial generan universos completamente distintos. Así, el Juego de la Vida demuestra que **el orden y la incertidumbre pueden coexistir**. Los científicos llaman a este fenómeno **autoorganización**: una propiedad de los sistemas complejos en la que **la coherencia emerge sin control externo**. La naturaleza hace lo mismo: forma galaxias, huracanes, organismos y sociedades sin un director de orquesta, solo por la resonancia entre sus partes.

> "El secreto de la vida no está en la materia, sino en la interacción."

> *"Conway no creó un juego, reveló un principio.*
> *Nos mostró que el universo entero es un diálogo entre sencillez y complejidad.*
> *Cada átomo, cada célula y cada ser humano son celdas en la gran cuadrícula del cosmos, donde la vida se juega a sí misma, eternamente."*

La ciencia del efecto mariposa

> *"¿Puede el aleteo de una mariposa en Brasil desencadenar un tornado en Texas?"*
> *— Edward Lorenz, conferencia de la AAAS, 1972*

Esta es una de las frases más célebres de la ciencia moderna. Con ella introducimos el principio que transformó para siempre la forma en que comprendemos el universo: **la interdependencia total de los sistemas**. El llamado *efecto mariposa* no es una metáfora romántica, sino una **realidad física** que describe cómo **pequeñas variaciones en las condiciones iniciales** pueden amplificarse —empleando la energía del propio sistema— hasta generar consecuencias imprevisibles. El meteorólogo **Edward Lorenz**, mientras estudiaba modelos atmosféricos, descubrió que un redondeo de apenas una milésima en sus cálculos **alteraba radicalmente los resultados**. El sistema no era caótico por error, sino **altamente sensible a las condiciones iniciales**. Así nació la teoría del caos determinista que nos muestra que los fenómenos naturales —como el clima, el flujo sanguíneo o la evolución biológica— no son aleatorios, pero **su complejidad hace imposible predecirlos a medio y largo plazo**.

> *"El caos no es desorden, sino sensibilidad. Es la capacidad del universo para responder de manera creativa a los pequeños gestos."*

Este principio tiene consecuencias profundas. Significa que **nada en el universo está aislado**. Cada elemento, por diminuto que sea, **afecta al conjunto**. Una variación ínfima en la atmósfera, en el pensamiento o en la emoción de una persona puede modificar el flujo de energía del sistema global. El cosmos entero se comporta como **una red viva de influencias recíprocas**, un tejido vibrante donde todo comunica con todo. La ciencia del caos nos obliga a abandonar la idea de control absoluto. Los sistemas complejos no pueden ser dominados ni previstos, solo **comprendidos en su dinámica interna**. Esto cambia la relación entre el ser humano y la naturaleza: ya no somos observadores externos, sino **participantes activos del equilibrio cósmico**. Cada acto consciente o inconsciente **altera el sistema al que pertenecemos**.

> *"Cada palabra que pronunciamos, cada emoción que sentimos, cada pensamiento que sostenemos es una forma de energía. Y esa energía se propaga en el campo global de la vida."*

Este principio, que la física describe con ecuaciones, tiene un eco espiritual en todas las tradiciones antiguas. El **karma** oriental, la **ley de causa y efecto** del hermetismo o el principio cristiano que dice: "todo lo que hagas al más pequeño de tus hermanos, a mí me lo haces", son formulaciones simbólicas de una misma realidad: **la interdependencia universal**. En biología, este fenómeno de **efectos no lineales** se expresa como: una pequeña mutación genética que puede desencadenar la evolución de una nueva especie; un leve cambio en la salinidad del océano que puede alterar el clima del planeta; un gesto de cooperación en una comunidad que puede transformar toda una cultura. El universo es, en esencia, **un organismo sensible**.

> *"La mariposa no causa el tornado; lo que causa es la posibilidad de su existencia. La pequeña perturbación abre un camino*

> *dentro de un sistema que ya estaba al*
> *borde de transformarse."*

En ese sentido, el efecto mariposa no describe la fragilidad del mundo, sino su **creatividad inherente**. El cosmos no está condenado al caos, sino **diseñado para reinventarse** a partir de lo imprevisible. Cada mínima alteración puede convertirse en el punto de partida de una nueva forma de orden.

> *"La vida se mueve en el borde del caos*
> *porque ahí reside la libertad.*
> *En un universo totalmente predecible,*
> *nada verdaderamente nuevo podría*
> *suceder."*

Este principio se refleja también en la consciencia humana. Un pensamiento o una emoción coherente pueden influir en todo el sistema nervioso, alterar el campo electromagnético del corazón y, por resonancia, **afectar el entorno inmediato**. A nivel colectivo, las ideas, los valores y los actos de cada persona **contribuyen a modelar la realidad compartida**. La ciencia del efecto mariposa nos recuerda que **el libre albedrío tiene escala cósmica**.

> *"No somos espectadores del universo,*
> *somos sus co-creadores.*
> *Cada gesto, cada pensamiento y cada*
> *respiración son ondas en el océano del*
> *cosmos.*
> *El efecto mariposa no es una amenaza: es*

la prueba de que cada uno de nosotros importa."

Esta ecuación cambiará tu modo de ver el mundo

"La belleza del universo se oculta en ecuaciones tan simples que parecen imposibles."

Si hubiera una fórmula capaz de **mostrar el misterio del orden dentro del caos**, sería la **ecuación de Lorenz**, descubierta en los años sesenta. A primera vista, no parece nada extraordinario: tres ecuaciones diferenciales muy sencillas, compuestas por unos pocos números y letras. Pero al resolverlas en un ordenador, **revelan un universo nuevo**: una geometría compleja, en espiral, infinitamente bella y nunca repetida.

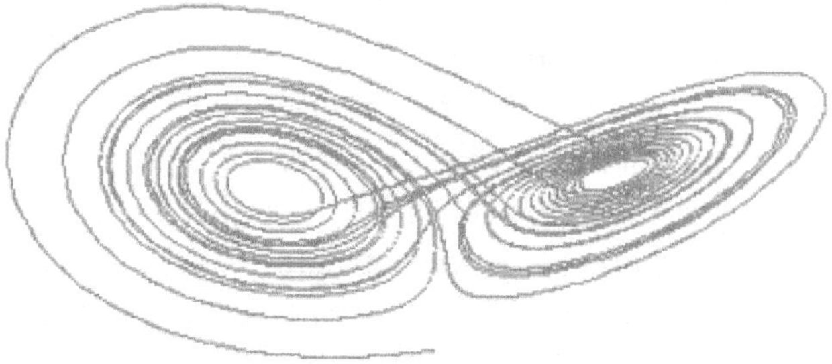

"Esa ecuación es un espejo del cosmos: simple en su forma, infinita en su expresión."

El sistema de Lorenz describe cómo se mueve el aire caliente al ascender y enfriarse. Pero al graficar sus resultados, aparece una figura inesperada: **el atractor de Lorenz**, una doble espiral que gira sin cesar sin recorrer jamás el mismo camino. Cada trayectoria es única, y sin embargo todas obedecen las mismas reglas. En este dibujo matemático, vemos **la firma del universo**: la coexistencia de la libertad y la ley, del caos y la coherencia.

> *"Cada punto sigue las reglas, pero el conjunto es impredecible.*
> *Así también funciona la vida: no hay azar, hay sensibilidad infinita."*

Este tipo de figuras se llaman **atractores extraños**, porque **atraen el movimiento de los sistemas hacia un patrón estable**, aunque nunca se repita. Son el corazón del caos determinista: estructuras invisibles que **dan forma al desorden**. El universo, lejos de ser incoherente, **está lleno de atractores**.Desde los remolinos del agua hasta los latidos del corazón o los ciclos del clima, todo sigue caminos oscilantes pero coherentes. La ecuación de Lorenz no solo describe la meteorología, sino **la vida misma**. Cada ser humano, cada sociedad, cada ecosistema **tiene su propio atractor**, su tendencia natural hacia un tipo de equilibrio. Aunque nos desviemos o enfrentemos turbulencias, **existe un campo de coherencia que nos devuelve al centro**. De ahí que, incluso en medio de la incertidumbre, **la vida se reorganice**.

> *"El caos no es falta de dirección; es movimiento dentro de una geometría infinita e invisible."*

Observa la proyección del atractor y compara con formas naturales: las alas de una mariposa, las corrientes oceánicas, las neuronas del cerebro. Todas comparten una misma morfología: **espirales, bifurcaciones, simetrías fractales**. La naturaleza parece repetirse a sí misma en infinitas escalas, como si una inteligencia universal jugara con la misma ecuación en distintos niveles de realidad.

La lección es profunda: **la complejidad surge de la sencillez**. Bajo cada proceso aparentemente impredecible hay una ley precisa que lo rige. El desorden es solo una ilusión que nace de nuestra perspectiva limitada. Si pudiéramos ver el conjunto completo, **veríamos la danza ordenada de todas las variables del cosmos**.

> *"El universo no es un caos incoherente, sino una ecuación viva que se resuelve a sí misma a cada instante."*

Esta comprensión puede cambiar no solo nuestra visión del mundo, sino **nuestra manera de vivir**. Cada persona también sigue una "ecuación" interior, una serie de patrones emocionales, mentales y energéticos que definen su movimiento vital. Cuando esos patrones se desequilibran, la vida parece impredecible, pero cuando logramos ver la forma que nos sostiene —nuestro propio atractor—, **recuperamos la confianza en el proceso**.

> *"La ecuación del caos nos enseña a confiar en la interacción compleja de la existencia.*
> *Todo lo que ocurre tiene sentido dentro de un orden mayor, aunque no podamos calcularlo."*

Este principio nos libera de la necesidad de control y nos invita a **vivir en resonancia con la dinámica natural del universo**. La vida no pide que dominemos las variables, sino que **aprendamos a movernos con ellas**, como el surfista que entiende la ola o el músico que improvisa dentro de una escala.

> *"La ecuación de Lorenz no solo cambió la ciencia: cambió la manera de mirar.*
> *Nos recordó que el misterio del universo no está en las excepciones, sino en las reglas mismas.*
> *Y que la belleza, al final, es la forma que adopta el orden cuando decide moverse."*

Fractalidad y efecto mariposa

> *"La autosimilaridad no es repetición exacta; la naturaleza nunca es exacta, pero siempre tiene patrones."*
> — Benoît Mandelbrot

Imagina una hoja, una nube, un río. A primera vista parecen distintos, pero si los observamos con atención, descubrimos **un mismo patrón que se repite a diferentes escalas**. Esa repetición —ni idéntica ni completamente diferente— es lo que en matemáticas se llama **fractalicidad**. Y en ella se oculta uno de los secretos más profundos del cosmos: **la geometría de la complejidad**.

El matemático **Benoît Mandelbrot**, a mediados del siglo XX, demostró que **la naturaleza no sigue las geometrías perfectas de Euclides**, sino **estructuras fractales**, donde una misma forma se replica infinitamente, variando en tamaño, densidad o dirección. El litoral de una costa, las ramas de un árbol, las arterias del cuerpo humano o las galaxias del universo comparten la misma lógica: **auto-semejanza dinámica**.

> *"Los fractales son la firma visible del orden oculto del caos."*

Cada estructura natural —una montaña, un coral o un pulmón— parece confusa en su detalle, pero responde a **una organización interna precisa**, basada en proporciones que se repiten. No hay dos iguales, pero todas obedecen la misma regla de crecimiento: **la expansión coherente de la vida**.

Los fractales son **la geometría de los sistemas complejos**, la teoría del caos determinista los reveló como **el esqueleto invisible del universo**. Cuando los científicos trazaron el "atractor de Lorenz", descubrieron que su forma —dos alas en espiral— era **una estructura fractal**, con infinitos matices de detalle. En cada ampliación emergía un patrón semejante, como si el universo se reconociera a sí mismo en diferentes escalas.

> *"El efecto mariposa y la fractalidad son*
> *dos caras de la misma ley:*
> *una describe la interdependencia del*
> *tiempo, la otra, la del espacio."*

El efecto mariposa nos habla de cómo **todo influye en todo**, y la fractalidad muestra **cómo todo se refleja en todo**. Ambos principios nos revelan un universo **autosimilar e interconectado**, donde lo micro y lo macro son expresiones de un mismo pulso. El vuelo de una mariposa, la corriente de un río o la sinapsis en el cerebro humano **siguen la misma lógica de expansión resonante**.

Incluso podríamos mirar el cuerpo humano como un ejemplo perfecto de esa geometría. Los bronquios se ramifican como un árbol; los vasos sanguíneos reproducen la forma de los ríos; el sistema nervioso imita las redes de galaxias. La **vida replica su estructura en todos los niveles**, como si el cosmos se mirara en un espejo de sí mismo.

> *"Somos fractales del universo.*
> *Cada uno de nosotros contiene la forma*
> *completa del todo, en miniatura."*

Este principio no solo tiene implicaciones científicas, sino también filosóficas. Si el universo es fractal, entonces **cada parte es esencial**, porque **cada fragmento refleja la totalidad**. La individualidad no está separada del conjunto: **es la expresión localizada del infinito**. Así, comprender la fractalidad es comprender que **lo que hacemos a pequeña escala resuena en la estructura global del ser**.

La fractalidad también está presente en la música, el arte y la mente. El ritmo del corazón, las oscilaciones cerebrales o la composición de una sinfonía responden a patrones fractales: **orden dentro del movimiento**. Incluso los pensamientos y las emociones siguen trayectorias similares a las de un atractor caótico: se repiten, se transforman y evolucionan hacia formas más complejas.

> *"Nuestra mente también tiene su geometría.*
> *Y cuando alcanza coherencia, vibra en armonía con el patrón del universo."*

Desde esta perspectiva, la vida deja de ser un fenómeno aleatorio y se convierte en **una manifestación coherente de la geometría del cosmos**. El caos ya no es lo opuesto al orden, sino su lenguaje creativo; y los fractales son **sus huellas**, las pruebas visibles de que el universo se repite, pero nunca se copia.

> *"Cada rama, cada ola, cada galaxia es un gesto del mismo fractal cósmico.*
> *El universo no evoluciona por acumulación, sino por resonancia.*
> *Comprender eso es ver la belleza de lo invisible: que el todo está contenido en cada parte, y cada parte es indispensable para el todo."*

¿Qué son los fractales?

> *"Las nubes no son esferas, las montañas no son conos, las costas no son círculos y*

la corteza de un árbol no es lisa. La naturaleza está hecha de fractales."
— Benoît Mandelbrot

Los fractales son **la firma matemática del universo**, pero también **una de las formas más bellas de comprender la realidad**. Para explicar esto un poco más, te invito a imaginar algo sencillo: una rama que se divide en dos, y cada una de esas ramas se vuelve a dividir, una y otra vez, infinitamente. Cada fragmento **se parece al conjunto**, pero nunca es exactamente igual. Ese principio de **auto-semejanza** define a los fractales.

En lenguaje técnico, un **fractal** es una estructura geométrica en la que **una misma forma se repite a diferentes escalas**, conservando una proporción o patrón común. Pero no se trata solo de una definición matemática, sino **de un principio universal de organización**. Los fractales muestran cómo **la sencillez puede generar complejidad**, cómo un conjunto de reglas muy básicas puede producir formas infinitamente variadas.

"Un fractal es el puente entre el orden y el caos: un equilibrio perfecto entre repetición y libertad."

El matemático **Benoît Mandelbrot** acuñó el término en 1975 al estudiar formas naturales que desafiaban la geometría clásica. Mientras Euclides soñaba con líneas rectas y superficies perfectas, Mandelbrot observó que la naturaleza **prefiere la irregularidad organizada**. Las nubes, los relámpagos, los ríos, las hojas y los pulmones

no siguen la lógica del artificio humano, sino la **del crecimiento vivo**. En todos ellos, **un mismo patrón se repite a distintas escalas**, ajustándose de manera flexible al entorno.

- Las **ramas de un árbol** repiten la forma del tronco.
- Las **venas de una hoja** reflejan el ramaje completo.
- las **arterias del cuerpo humano** imitan los **ríos y sus afluentes**.
- Los **pulmones** contienen millones de bronquiolos que reproducen la forma del árbol que respira en el exterior.

"El universo respira fractalmente: cada parte es un eco del todo."

En el laboratorio, los fractales pueden generarse mediante **ecuaciones iterativas**, es decir, procesos que repiten una operación una y otra vez, modificando el resultado en cada paso. Esa repetición produce figuras que **nunca se repiten exactamente**, pero que mantienen una estructura reconocible. Al observarlas, descubrimos que el caos tiene forma, que la irregularidad **es la expresión visible de una ley interna**. Así, los fractales son **el lenguaje del caos hecho imagen**.

Podríamos incluso relacionar esta geometría con la vida. Cada organismo, cada célula y cada pensamiento siguen procesos fractales. El ADN, con su doble hélice que se replica, es un fractal dinámico. Las conexiones neuronales del cerebro **crecen siguiendo patrones ramificados**, como las raíces de los árboles o los relámpagos en el cielo. Incluso las emociones y los pensamientos muestran **estructuras fractales en su frecuencia eléctrica**, como han revelado los estudios de neurociencia contemporánea.

> *"La mente también es fractal.*
> *Nuestros pensamientos se repiten,*
> *evolucionan y cambian de escala como las*
> *ramas de un árbol de luz."*

Desde la perspectiva espiritual, los fractales son **la huella de la unidad**. Muestran que lo pequeño contiene a lo grande, que **el todo está impreso en cada parte**. Por eso, las antiguas tradiciones intuían lo que hoy demuestra la matemática: el universo es una totalidad auto-semejante, un organismo donde cada célula, cada estrella y cada ser humano **repiten el patrón esencial del cosmos**.

Esta comprensión tiene un poder transformador. Nos enseña que la vida **no es jerárquica ni fragmentada**, sino **coherente y participativa**. El mismo pulso, la misma espiral, la misma proporción áurea se manifiestan en todo.

> *"El fractal es el espejo matemático de la*
> *consciencia cósmica."*

> *"Cada rama, cada nube, cada pensamiento*
> *es una repetición de la totalidad.*
> *Si el universo es fractal, entonces cada uno*
> *de nosotros contiene el todo en su interior.*

> *Comprender eso, no es solo un acto intelectual, es un despertar."*

Mística

> *"El sentimiento más hermoso que podemos experimentar es el misterio.*
> *Es la fuente de todo arte y de toda ciencia verdadera."*
> — Albert Einstein

Después de hablar de ecuaciones, caos y fractales, te invito a **respirar en silencio**. Ese instante de quietud es también una forma de conocimiento, una experiencia directa de la **unidad que la ciencia describe y la mística vive**. Hasta aquí, la ciencia nos ha mostrado que el universo es un sistema interconectado, dinámico, fractal, sensible y creativo. Pero hay un punto en el que **la observación racional toca su límite**, cuando el conocimiento deja de ser una acumulación de datos y se convierte en una **percepción inmediata del todo**. Ese momento, ese reconocimiento silencioso de que "todo está vivo y conectado", es lo que las tradiciones antiguas llamaron **mística**.

> *"La mística no es religión.*
> *Es ciencia vivida desde adentro."*

No se trata de creer en algo sobrenatural, sino de **experimentar conscientemente la coherencia del universo**. Lo que el físico describe con fórmulas, el místico lo siente como presencia. Ambos hablan del mismo orden, de la misma inteligencia, de la misma belleza. La diferencia está en la forma: uno mide, el otro contempla.

Esta convergencia entre ciencia y mística no es nueva. Einstein hablaba del "sentimiento cósmico religioso"; Schrödinger afirmaba que la consciencia es una sola y se manifiesta en todas las criaturas; y David Bohm sugería que la realidad visible es apenas una proyección del **orden implicado**, una dimensión más profunda donde todo está unido. El místico, sin fórmulas, llega a la misma conclusión: **no hay separación, solo grados de manifestación de una misma energía**.

> *"Todo es uno —decían los sabios védicos—, y ese uno vibra en cada forma del universo."*

Esta experiencia de unidad **no se alcanza pensando, sino percibiendo**. Cuando la mente deja de fragmentar y el ego se aquieta, aparece una comprensión inmediata: **el observador y lo observado son lo mismo**. No hay dentro ni fuera, sujeto ni objeto, solo **un campo de consciencia vibrando**. Ese reconocimiento no anula la ciencia, la completa. Porque conocer el orden del universo no basta; hay que **sentirse parte de él**.

> *"El conocimiento es saber que todo está conectado.*
> *La sabiduría es experimentarlo."*

Desde esta perspectiva, la mística no es una creencia, sino una **forma de experimentación ampliada**, una ciencia del alma. Y así como los sistemas complejos muestran que el universo se autoorganiza, la experiencia interior muestra que **la consciencia humana participa activamente en esa organización**. El pensamiento coherente, el amor, la contemplación o la gratitud **no son solo estados subjetivos**, sino **formas de resonancia con el campo universal**.

El místico y el científico comparten un mismo impulso: **comprender el misterio**. Uno lo aborda desde el análisis, el otro desde la contemplación; pero ambos buscan la coherencia que da sentido a la existencia.

> *"Donde la ciencia dice "sistema complejo", la mística dice "unidad". Donde la física habla de "campo", la mística habla de "espíritu". Son lenguajes distintos para un mismo fenómeno: **la inteligencia viva del universo**."*

> *"Cuando el conocimiento se hace experiencia, la ciencia se convierte en mística."*

Si ampliamos la mirada, veremos que **la espiral de los fractales, las órbitas de los planetas y el latido del corazón** son la misma danza, una coreografía cósmica donde **todo pulsa en resonancia con el mismo origen**. Y en esa resonancia, el ser humano puede reencontrar su lugar: ni arriba ni afuera, sino **en el centro del flujo que une todas las cosas**.

"Ser místico no es retirarse del mundo, sino reconocerlo como parte de uno mismo.
Es mirar una hoja, un átomo o una estrella y saber que allí late el mismo corazón que nos da vida."

Mística y paradigma

"Un nuevo tipo de pensamiento es esencial si la humanidad quiere sobrevivir y avanzar hacia niveles superiores."
— Albert Einstein

La **ciencia moderna y la mística ancestral están comenzando a hablar el mismo idioma**. Durante siglos fueron caminos paralelos: la una buscaba leyes externas, la otra la experiencia interna. Hoy, la teoría del caos, la física cuántica y la biología de sistemas **están revelando lo que los sabios antiguos ya intuían**: que el universo no es una máquina fragmentada, sino **una totalidad viva**, donde cada parte refleja al todo y todo influye en cada parte.

"Estamos asistiendo al nacimiento de un nuevo paradigma: el del universo consciente."

Este paradigma no sustituye la ciencia, **la amplía**. Ya no se trata solo de entender cómo funcionan las cosas, sino de **comprendernos como parte del proceso que las hace funcionar**. El observador no es un ente pasivo; su presencia **modifica la realidad**. Cada pensamiento, cada emoción, cada decisión son formas de energía que **entran en resonancia con el campo global del cosmos**. En este nuevo marco, la espiritualidad deja de ser un asunto privado o religioso para convertirse en **una dimensión de la realidad**. La consciencia ya no es una propiedad del cerebro, sino **una cualidad del universo mismo**, que se expresa en todos los niveles: desde el átomo hasta la galaxia, desde la célula hasta la mente humana. El ser humano deja de verse como un espectador separado y empieza a reconocerse como **una función del todo**, una expresión momentánea de la inteligencia universal.

> *"No hay fuera ni dentro.*
> *El universo nos piensa, y nosotros*
> *pensamos dentro de él."*

Este cambio de mirada tiene consecuencias profundas. En la ciencia, implica pasar de una visión mecanicista a una **visión holística**; en la medicina, de un modelo de control a uno de **autoorganización**; en la educación, de la repetición al **aprendizaje como proceso creativo**; y en la vida cotidiana, del miedo al caos a la **confianza en la coherencia del sistema**. La mística, lejos de ser una escapatoria, se convierte en una **forma de comprensión práctica del mundo**. Nos enseña que el equilibrio no se alcanza imponiendo orden, sino **cooperando con la dinámica natural**. El universo, como un sistema complejo, no busca control, sino **armonía**. Y armonía no significa inmovilidad, sino **sincronía entre movimiento y consciencia**.

> *"El caos no es el enemigo del orden, sino*
> *su compañero en la danza del cambio."*

Todo paradigma muere cuando pierde su capacidad de evolucionar. Durante siglos, el pensamiento lineal, competitivo y materialista dominó nuestra visión del mundo. Ahora, la ciencia de la complejidad, el caos y la consciencia del todo nos invitan a **un pensamiento relacional, colaborativo y coherente**, que reconozca la interdependencia de todos los seres. Esa transformación no es teórica, sino vital: **está ocurriendo dentro de nosotros**.

> *"El cambio de paradigma no llegará desde los laboratorios, sino desde la consciencia."*

Este nuevo modo de comprender la realidad exige también un nuevo modo de vivir. Si todo está interconectado, entonces **cada acción tiene sentido**. Cada gesto, cada palabra, cada elección influye en el conjunto. Cuidar la Tierra, cuidar el cuerpo, cuidar la mente y cuidar las relaciones **es cuidar el universo del que formamos parte**. La espiritualidad se convierte así en una ética cósmica, una ciencia del cuidado.

> *"El místico del futuro será también un científico,*
> *y el científico, un místico capaz de asombrarse ante la belleza de lo real."*

Estamos transitando de una era de separación a una era de integración. De la competencia al reconocimiento de la unidad, de la fragmentación al sentido. La ciencia del caos, los fractales y la autoorganización no son solo teorías: **son metáforas vivas de la consciencia que despierta**.

> *"Cuando comprendemos que el universo es*
> *un fractal de consciencia,*
> *dejamos de buscar la verdad afuera y*
> *empezamos a vivirla dentro.*
> *La mística no es el final del conocimiento:*
> *es su plenitud."*

Capítulo 7

Creencias y Emociones.

El poder creador de la mente

> *"La mente es la herramienta con la que el universo se piensa a sí mismo."*

La mente humana no es solo un fenómeno biológico, sino un **campo energético creativo**, un nodo del sistema complejo universal. Hasta aquí, hemos visto cómo la vida se autoorganiza desde el caos, cómo el universo se estructura fractalmente y cómo la consciencia forma parte del orden cósmico. Ahora, el foco se dirige hacia el interior: hacia **el poder de la mente para dar forma a la realidad**.

El pensamiento no es un producto pasivo del cerebro, sino **una vibración que modula el campo de información que nos rodea**. Cada pensamiento genera una onda, y esa onda —como cualquier fenómeno físico— **interactúa con otras ondas**, creando interferencias, resonancias y patrones coherentes o caóticos. Por eso, **pensar es crear**: cada idea que sostenemos, cada emoción que alimentamos, cada creencia que repetimos **organiza la energía del campo vital** en una dirección determinada.

> *"El pensamiento es la semilla; la realidad, su fruto."*

Las **creencias** son pensamientos mantenidos en el tiempo y, por tanto, **estructuras energéticas estables**, funcionando como programas que determinan cómo interpretamos la información del entorno. El cerebro, como un sistema autoorganizado, **no percibe la realidad directamente**, sino que **la filtra y la reconstruye** de acuerdo con esos programas internos. Así, no vemos las cosas como son, sino como somos capaces de verlas.

En términos de física de sistemas, la mente se comporta como **un atractor dinámico**: un conjunto de ideas y emociones que mantiene nuestra percepción dentro de ciertos límites de coherencia. Cuando una nueva información desafía esas estructuras, se produce una crisis, un punto de bifurcación, donde el sistema puede **reorganizarse hacia un nivel más amplio de comprensión**. Ese proceso es el mismo que observamos en los sistemas complejos: el cambio surge cuando el sistema alcanza su límite y necesita expandirse para sostener más información.

> *"Cambiar de creencias no es cambiar de ideas; es cambiar de universo."*

Desde esta visión, la mente no solo interpreta la realidad: **la co-crea**. Cada pensamiento sostenido con intención y emoción **reconfigura el campo de posibilidades**, influye en el cuerpo, en el entorno y en las relaciones. Esto no es una metáfora: la neurociencia moderna ha demostrado que **los pensamientos modifican la estructura cerebral** mediante la plasticidad neuronal, y que **las emociones cambian el ritmo cardíaco, la química celular y el campo electromagnético** del cuerpo. Cuando esos tres niveles —pensamiento, emoción y acción— están alineados, se produce **coherencia biológica**, y esa coherencia **resuena con el orden del universo**.

> *"La coherencia mental no es control: es resonancia con la inteligencia del Todo."*

Te invito a imaginar la mente como **un instrumento musical**. Cada pensamiento es una nota. Cuando las notas están dispersas o desafinadas, producen ruido, confusión, miedo, desarmonía. Pero cuando vibran en armonía, generan melodías capaces de transformar la materia. Esa es la verdadera alquimia del pensamiento: **convertir energía en forma** mediante la vibración coherente de la consciencia.

Este poder creador no debe entenderse como un acto de voluntad superficial, sino como **una consecuencia natural de la sintonía con el campo universal**. El pensamiento no crea de manera aislada; crea **en coherencia con el Todo**. Por eso, los deseos nacidos del ego producen desorden cuando no resuenan con las intenciones nacidas del corazón, que generan expansión. El corazón emite un campo electromagnético mucho más potente que el cerebro, y cuando mente y corazón se sincronizan, **la energía se vuelve constructiva, creadora y curativa**.

"Cuando la mente piensa con amor, la realidad se ordena."

"Si el universo se organiza según nuestras creencias, el mayor acto de transformación no es cambiar el mundo, sino ***cambiar la forma en que lo pensamos****.*
La mente no es un espejo que refleja: es un sol que emite.
Cada pensamiento coherente es una semilla de universo."

La emoción como energía en movimiento

"Toda emoción es energía en tránsito: no viene a quedarse, viene a transformar."

Una emoción es energía en movimiento. No es solo una sensación psicológica o un fenómeno químico; es una **vibración que recorre el cuerpo**, un flujo de información que conecta la mente con la materia. El término *emoción* proviene del latín *emovere*, que significa *mover hacia fuera*. Toda emoción es, por tanto, **un impulso vital que busca expresión, integración y equilibrio**.

Desde esta perspectiva, **las emociones son el puente entre el pensamiento y el cuerpo**. Podría imaginarse como que cada pensamiento genera un campo eléctrico, y cada emoción, un campo magnético. Juntos forman una onda electromagnética que se propaga dentro y fuera del organismo. Por eso **las emociones son la manifestación tangible de la consciencia en acción**: el modo en que el universo, a través del cuerpo humano, experimenta y transforma la energía.

> *"Sentir es traducir la energía del cosmos a nuestro lenguaje biológico."*

Las emociones no son buenas ni malas en sí mismas, su efecto depende de **si fluyen o se estancan**. Cuando una emoción se vive plenamente, sin juicio ni represión, **cumple su función natural de liberar energía**. Pero cuando se bloquea —por miedo, culpa o condicionamiento social—, queda atrapada en el cuerpo, alterando la coherencia del sistema. Entonces el flujo energético se interrumpe, y con el tiempo pueden aparecer síntomas físicos, tensión, enfermedad o tristeza crónica.

Desde la **física de sistemas,** el cuerpo es un sistema autoorganizado que busca equilibrio dinámico. Una emoción intensa es una **perturbación temporal** en ese equilibrio. Si el sistema tiene flexibilidad y consciencia, integra el cambio y se reordena; si no, se rigidiza, pierde coherencia y entra en caos. Por eso, dice, **la madurez emocional no consiste en controlar las emociones, sino en permitir que circulen con consciencia**.

> *"Reprimir una emoción es negar la*
> *energía de la vida.*
> *Expresarla con consciencia es convertirla*
> *en sabiduría."*

A nivel fisiológico, cada emoción tiene una huella precisa. La alegría expande, la tristeza contrae, la ira calienta, el miedo enfría. El cuerpo responde con variaciones medibles en el ritmo cardíaco, la temperatura, la tensión muscular y la química hormonal. La neurociencia del corazón —desarrollada por el *HeartMath Institute*— ha demostrado que **el corazón posee su propio sistema nervioso**, capaz de enviar más información al cerebro de la que recibe. Cuando una emoción positiva —como gratitud o amor— armoniza ese flujo, el campo electromagnético del corazón **se vuelve más coherente**, sincronizando el cerebro, el sistema inmunológico y el entorno energético del cuerpo.

> *"La emoción coherente ordena el cuerpo igual que el viento ordena la arena en dunas."*

Las emociones, entonces, no son un obstáculo para el pensamiento claro: **son su combustible**. El problema no es sentir, sino **identificarse con la emoción sin comprender su mensaje**. Cada emoción contiene una información específica: el miedo protege, la tristeza limpia, la ira moviliza, la alegría expande, el amor integra. Cuando las reconocemos y las dejamos fluir, el cuerpo **recupera su inteligencia natural**. Por ejemplo, cuando un niño llora, no acumula sufrimiento; **libera energía**. Su sistema emocional es flexible y autorregulador. Solo cuando los adultos le enseñan a reprimir ("no llores", "no tengas miedo") empieza el bloqueo. Con el tiempo, esa energía contenida **se cristaliza en forma de tensión o rigidez**, tanto física como mental. El camino de la madurez es, en realidad, un **retorno a la espontaneidad emocional con consciencia**.

*"No hay evolución sin emoción.
La energía que no se expresa se convierte
en síntoma."*

Desde una mirada más amplia, **las emociones son el lenguaje del alma**. El universo se comunica con nosotros a través de la vibración del sentir. Cada emoción nos informa sobre nuestra relación con el entorno, con los demás y con nosotros mismos. Si aprendemos a escuchar sin juicio, cada emoción se convierte en **una guía de reequilibrio**, una forma de inteligencia viva.

*"Sentir conscientemente es el primer acto
de libertad."*

*"La emoción no es debilidad, es
movimiento.
La vida nos atraviesa en forma de
vibración para recordarnos que somos
parte del todo.
Sentir no es sufrir: es participar."*

Creencias limitantes y patrones inconscientes

*"No conocemos las cosas como son en sí
mismas, sino solo como se nos aparecen."
— Immanuel Kant, Crítica de la razón
pura (1781)*

No vivimos la realidad, sino nuestra interpretación de ella. Cada persona percibe el mundo a través de un filtro compuesto por creencias, emociones y experiencias previas. Ese filtro no solo selecciona la información que percibimos, sino que **la moldea activamente**, creando lo que llamamos "nuestra realidad personal". Desde el punto de vista neurocientífico, el cerebro **no capta el entorno de forma objetiva**. Procesa unos pocos bits de los millones de estímulos que nos rodean cada segundo, y los organiza de acuerdo con **mapas mentales** previamente aprendidos. Esos mapas —nuestros **patrones de creencia**— determinan qué consideramos posible, qué tememos, qué buscamos y cómo interpretamos los hechos. Por eso, dos personas ante la misma situación pueden vivir experiencias completamente opuestas.

> *"La mente no ve la realidad, la fabrica a partir de su historia."*

La mayor parte de estas creencias se forma en la infancia, cuando el cerebro está en estado de **alta sugestionabilidad** (ondas cerebrales theta). Durante esos años absorbemos, sin filtro, las ideas, emociones y juicios de quienes nos rodean. Padres, maestros, cultura y religión **escriben en nuestra mente los primeros programas**: qué es el amor, el éxito, el peligro, la culpa, la abundancia o el merecimiento. Esas creencias —aunque inconscientes— **operan como códigos energéticos**, condicionando nuestras respuestas emocionales y fisiológicas durante toda la vida.

En términos de sistemas complejos, podríamos decir que cada creencia actúa como **un atractor**, una estructura invisible que **organiza el flujo de energía e información de nuestra mente**. Mientras permanezcamos dentro de su influencia, tenderemos a repetir los mismos comportamientos, emociones y resultados, incluso cuando racionalmente deseamos algo distinto. Así se forman los **patrones inconscientes**: bucles de retroalimentación entre pensamiento, emoción y acción que **mantienen estable nuestro universo interior**, aunque nos limite.

> *"Una creencia inconsciente es un pensamiento repetido tantas veces que olvidamos que lo elegimos."*

Pongamos un ejemplo: alguien que en su infancia escuchó "no mereces tanto" puede vivir, de adulto, **saboteando sus propios logros**. Otra persona que asoció el amor con el sufrimiento tenderá a repetir vínculos dolorosos. El sistema nervioso, fiel a su programación, reproduce las condiciones emocionales conocidas, porque **lo familiar se percibe como seguro, incluso si duele**.

La física de la información nos enseña que **todo sistema busca coherencia interna**, no necesariamente felicidad. Si una nueva experiencia contradice las creencias previas, el cerebro genera resistencia, ansiedad o negación. Es su modo de conservar la estabilidad del patrón. Por eso, **el cambio verdadero no ocurre acumulando conocimiento, sino transformando el nivel de coherencia del sistema**, es decir, **modificando las creencias que lo sostienen**.

> *"Hasta que lo inconsciente no se haga consciente, dirigirá tu vida y lo llamarás destino."*
> — Carl G. Jung

Liberar una creencia limitante **no implica eliminarla por la fuerza**, sino **observarla sin juicio**, reconocer su función protectora y permitir que se disuelva al ser comprendida. La observación consciente —la atención plena— interrumpe el ciclo automático del pensamiento y crea un nuevo espacio de posibilidad. Cuando dejamos de reaccionar, el sistema se reconfigura, y **el cerebro empieza a formar nuevas conexiones neuronales**, reflejando el cambio de patrón.

> *"La consciencia es el bisturí más preciso: corta sin herir."*

Desde la neuroplasticidad, este proceso tiene respaldo científico: cada vez que pensamos o actuamos de forma diferente, **cambiamos literalmente nuestro cerebro**. Las redes neuronales antiguas se debilitan por falta de uso, y las nuevas se fortalecen con la repetición consciente. Así, la transformación interior deja de ser un acto simbólico para convertirse en un **fenómeno físico y medible**. Por eso invito a mirar las creencias limitantes **no como enemigos, sino como vestigios de supervivencia**. Cada una fue útil en su momento: nos protegió, nos ayudó a adaptarnos. Pero mantenerlas cuando la vida ha cambiado genera incoherencia, rigidez y sufrimiento. El trabajo interior consiste en **agradecer el propósito que cumplieron y permitir que evolucionen**.

> *"Cuando comprendemos la función de un patrón, deja de controlarnos."*

> "El *universo exterior refleja nuestras creencias interiores.*

Cambiar no es luchar contra el reflejo,
sino iluminar la fuente.
Y cuando la luz de la consciencia entra, el patrón se disuelve,
porque la verdad no necesita repetirse:
solo manifestarse."

La coherencia emocional

"Cuando el corazón y la mente laten al mismo ritmo, el universo responde."

La coherencia emocional es el estado en el que pensamiento, emoción y cuerpo vibran en sintonía. No es un concepto filosófico, sino una realidad medible: la neurocardiología moderna ha demostrado que **el corazón tiene un papel fundamental en la regulación de las emociones, la percepción y la salud física**. Cuando la mente, el corazón y la respiración trabajan de forma sincronizada, el cuerpo entero entra en un estado de **orden y eficiencia energética**.

"La coherencia no es control, es armonía."

A nivel fisiológico, se describe la coherencia como **un patrón estable y rítmico del ritmo cardíaco**, conocido como *heart rate variability coherence*. En ese estado, **las ondas del corazón y las del cerebro se sincronizan**, mejorando la comunicación entre ambos sistemas. El resultado es una sensación de calma, claridad y conexión: el cuerpo se equilibra, el pensamiento se ordena y las emociones se vuelven más fluidas. El *HeartMath Institute* ha estudiado este fenómeno durante décadas. Sus investigaciones demuestran que **el corazón genera el campo electromagnético más potente del cuerpo humano**, y que ese campo cambia según las emociones. Cuando sentimos miedo, culpa o ira, el patrón es caótico; cuando experimentamos gratitud, amor o compasión, **las ondas se vuelven armónicas y simétricas**. Esa armonía no solo afecta al cuerpo: **se propaga hacia el entorno**, influyendo en la coherencia de quienes nos rodean.

"Una emoción coherente no se queda en el pecho: resuena en el campo del mundo."

La coherencia emocional es un estado de **resonancia interna**. No significa estar siempre en calma, sino **ser consciente del movimiento emocional sin perder el eje**. Es el arte de sentir sin dejar de estar presente, de permitir que la energía emocional fluya sin convertirse en ruido. En ese equilibrio dinámico, **la emoción deja de ser reacción y se convierte en información**.

Desde la física de sistemas, la coherencia es **la condición de máxima eficiencia de un sistema vivo**. Un organismo coherente utiliza menos energía para mantener su equilibrio y puede adaptarse mejor a los cambios. Por eso, la coherencia emocional **aumenta la inmunidad, la creatividad y la intuición**. El cuerpo y la mente, alineados, funcionan como un solo campo inteligente.

"El corazón es el metrónomo del alma."

Te invito a practicar la coherencia a través de la respiración consciente y la gratitud. Respirar desde el corazón es una forma de **recordarle al cuerpo su ritmo natural**. Cuando el aire entra y sale con suavidad, las ondas cardíacas se vuelven más ordenadas, y ese orden **sincroniza la actividad neuronal**. No es un acto simbólico, sino fisiológico: la respiración coherente **restablece el flujo energético** del sistema completo.

> *"El cuerpo siempre busca la coherencia. Solo la mente, con su ruido, la interrumpe."*

En términos emocionales, la coherencia se alcanza cuando dejamos de luchar contra lo que sentimos. Aceptar una emoción, reconocerla y respirarla permite que **la energía atrapada se transforme**. El corazón actúa como un transductor entre el campo emocional y el físico: **convierte la emoción en ritmo, el ritmo en información y la información en equilibrio**. Por eso, **la verdadera inteligencia no está en el cerebro, sino en la integración entre cerebro y corazón**.

La coherencia emocional también tiene una dimensión social y colectiva. Cuando un grupo de personas entra en un estado de armonía —por ejemplo, al meditar o compartir un propósito común—, **sus campos cardíacos se sincronizan**, generando un patrón de resonancia grupal. La ciencia ha observado este fenómeno en experimentos de meditación global: las variaciones del campo magnético terrestre se correlacionan con los picos de coherencia colectiva. Eso es una evidencia de que **la consciencia humana y el planeta forman un único sistema vivo**.

"Cada latido coherente contribuye al latido del mundo."

"La coherencia emocional no se alcanza huyendo del conflicto, sino respirando dentro de él.
Cada vez que eliges la presencia sobre la reacción, el corazón enseña al cerebro a confiar.
Y cuando ambos laten al unísono, la vida entera se vuelve música."

Emoción, campo y resonancia

"El Universo no está hecho de partes separadas sino de un todo único e indiviso en movimiento"
— David Bohm

La emoción es el vínculo más directo entre el ser humano y el campo del universo. Cada emoción es una frecuencia, una oscilación que se propaga a través del cuerpo, del entorno y del tejido invisible que conecta todas las cosas. Lo que sentimos no se queda dentro: **se transmite como una onda en el campo global de la vida**.

Desde la física cuántica y la teoría de sistemas, sabemos que el universo es un **campo de energía e información**. Nada existe aislado; todo está entrelazado mediante resonancias. El corazón, como órgano electromagnético más potente del cuerpo, **actúa como una antena que emite y recibe información**. Cada emoción modifica su frecuencia y su coherencia, generando patrones que pueden influir —y ser influenciados— por los campos de otros seres vivos.

> *"Sentir es emitir.*
> *Amar es resonar."*

Así como dos cuerdas afinadas en la misma nota vibran por simpatía cuando una de ellas suena, **nuestras emociones resuenan con las de los demás**. Esta resonancia emocional ocurre de manera inconsciente: cuando alguien irradia calma, el entorno se aquieta; cuando alguien irradia miedo o rabia, el campo colectivo se desordena. La física llama a esto **acoplamiento de frecuencias**, y la psicología lo conoce como **contagio emocional**. Ambos describen el mismo fenómeno: **la transferencia de información y energía entre sistemas vivos**.

> "Las emociones son el len*guaje silencioso con el que el universo conversa* consigo mismo."

A nivel biológico, esta resonancia se da a través de los **campos electromagnéticos**. El *HeartMath Institute* ha medido cómo el campo del corazón puede extenderse varios metros fuera del cuerpo, modulando las ondas cerebrales y cardíacas de las personas cercanas. Cuando dos individuos están en coherencia emocional, **sus ritmos cardíacos se sincronizan**, como si compartieran un mismo pulso.

Esto no es una metáfora poética, sino **una interacción física real entre sistemas de energía**.

Desde una visión más amplia, el universo entero puede entenderse como **una red fractal de resonancias**. Cada átomo, cada célula, cada consciencia vibra en una frecuencia determinada, pero todas comparten una misma base armónica: **la energía unificada del campo**. Las emociones humanas son, por tanto, **una forma de comunicación con ese campo**, un modo de ajustar o desajustar la vibración colectiva.

> *"El universo no escucha palabras, sino frecuencias."*

Cuando una emoción es coherente —por ejemplo, la gratitud o el amor—, **ordena el campo local y fortalece la coherencia global**. Cuando es discordante —como la culpa o la ira sostenida—, introduce disonancia y dispersa energía. Esto no significa que haya emociones "malas", sino que **todas deben ser reconocidas y transformadas**, no reprimidas. El problema no es la emoción, sino su estancamiento: la energía que no fluye se convierte en ruido dentro del sistema.

Rupert Sheldrake propuso la teoría de los **campos mórficos**: estructuras invisibles que almacenan información colectiva y guían el comportamiento de los sistemas vivos. Según esta visión, **cada emoción emitida deja una huella en el campo**, una especie de memoria energética que contribuye al aprendizaje global. Cuando muchas personas sostienen una vibración coherente —por ejemplo, paz o compasión—, **el campo mórfico de la humanidad cambia de frecuencia**.

> *"La emoción coherente no pertenece a quien la siente: pertenece al universo."*

Esto explica por qué la transformación individual **tiene impacto colectivo**. Cada vez que una persona se calma, perdona o agradece, **el sistema global se reequilibra levemente**. Lo mismo ocurre a nivel planetario: las variaciones en el campo magnético terrestre se correlacionan con los picos de coherencia emocional colectiva, medidos durante eventos globales de unión o tragedia. El planeta y la consciencia humana parecen **sincronizarse como un único organismo sensible**.

> *"La Tierra también siente: es parte de la misma red de consciencia."*

El trabajo emocional consciente **no es solo un acto terapéutico**, sino **una contribución energética al equilibrio del planeta**. Cada vez que liberamos una emoción atrapada, limpiamos una parte del campo compartido. Cada vez que elegimos la coherencia sobre la reacción, fortalecemos la resonancia del todo. De este modo, **la evolución individual y la colectiva se vuelven inseparables**.

> *"Somos nodos de un mismo campo.*
> *Lo que sentimos no termina en nosotros: se propaga, se amplifica y regresa multiplicado.*
> *Si el universo vibra a través de nuestras emociones,*
> *entonces amar, agradecer o perdonar no son actos humanos:*

son la forma que el cosmos tiene de seguir creando."

Transformación interior

"Nada cambia afuera hasta que algo cambia adentro."

La verdadera transformación no comienza en la materia, sino en la consciencia. Todo lo que percibimos como "realidad externa" —circunstancias, relaciones, acontecimientos— **es un espejo del estado interior del observador**. Por eso, **el cambio auténtico no consiste en luchar contra lo que ocurre fuera, sino en modificar el nivel de coherencia desde el que lo observamos**.

"El mundo no se transforma con esfuerzo, sino con com-pasión."

A lo largo del capítulo, se ha mostrado cómo las creencias configuran nuestra percepción y cómo las emociones modulan el campo biológico y energético. En este punto, podemos unir ambas dimensiones: **la mente y la emoción son las herramientas fundamentales de la evolución interior**. Cuando pensamiento y emoción se alinean, nace la posibilidad de **transmutar la energía e información estancada en consciencia activa**. La **transformación interior** es, en esencia, **un proceso de reorganización del sistema humano**. El cuerpo, la mente y el campo energético forman una unidad que se autoajusta constantemente. Cuando surge un conflicto, no se trata de un error, sino de **una señal de que el sistema necesita expandirse hacia un orden más coherente**. Así como en los sistemas complejos el caos precede al salto evolutivo, en el ser humano **las crisis son portales de transformación**.

> *"La oscuridad no se combate con más luz:*
> *se comprende hasta que se vuelve luz."*

Este proceso sigue tres etapas:

1. **Observar sin juicio.** El primer paso es tomar consciencia del patrón. Observar las emociones, pensamientos y reacciones automáticas sin rechazarlas. La observación consciente interrumpe el ciclo del automatismo y **crea un espacio de libertad dentro del sistema**.
2. **Sentir con presencia.** La emoción reprimida o el miedo no se disuelven por análisis, sino **por sentirlos con aceptación plena**. Al sentir, la energía bloqueada se libera, y el cuerpo recupera su flujo natural. El sentir consciente transforma la densidad en movimiento.

Integrar con coherencia. Una vez comprendida la emoción, **el sistema se reordena en un nivel superior de equilibrio**. El pensamiento se expande, el corazón se aquieta, la energía fluye. Ese nuevo estado no es resultado de esfuerzo, sino de resonancia con un orden mayor.

> *"El alma no evoluciona porque aprenda*
> *más, sino porque se libera de lo que ya no*
> *necesita."*

En este punto, podemos recordar a **David Bohm** y su concepto de *orden implicado*: la realidad visible emerge de una dimensión más profunda de coherencia. De igual modo, el ser humano, al transformar su interior, **sintoniza con ese orden más sutil**, permitiendo que la realidad externa se reorganice en correspondencia. La transformación interior, entonces, no es metafísica: **es física aplicada a la consciencia**.

La **neurociencia moderna** respalda este principio. Cuando cambiamos una emoción o una creencia sostenida, el cerebro **reconfigura sus redes neuronales**, y el cuerpo ajusta sus patrones bioquímicos. El sistema entero **entra en un nuevo estado de equilibrio**, coherente con la vibración emocional del cambio. Así, lo espiritual y lo biológico convergen en una misma ley: **la evolución es reordenamiento de información y energía**.

> *"Cada vez que eliges la calma sobre el miedo, el universo entero se reescribe un poco."*

La transformación interior **no busca perfección, sino autenticidad**. Ser coherente no es ser inmutable, sino **vivir en armonía con lo que es**. Cada emoción comprendida, cada creencia liberada, cada acto consciente **contribuye al equilibrio global**. El individuo y el universo forman un solo sistema autoorganizado; **la coherencia personal fortalece la coherencia planetaria**.

> *"Sanar no es reparar algo roto, sino recordar que nunca lo estuvo."*

El proceso culmina en una comprensión profunda: que la vida no nos pide controlar, sino **colaborar con su inteligencia**; que toda crisis encierra una invitación al crecimiento; y que la evolución humana no es tecnológica ni biológica, sino **de consciencia**.

> *"Transformarse no es cambiar de forma,*
> *es volver al origen.*
> *Es permitir que la vida se exprese sin resistencia.*
> *Cuando la mente se silencia y el corazón vibra en coherencia,*
> *el universo se reconoce a sí mismo en nosotros."*

CAPÍTULO 8

Libre Albedrío

El dilema de la libertad

"¿Soy libre o solo creo serlo?"

Otra de las preguntas que ha acompañado a la humanidad desde el origen del pensamiento es el libre albedrío: **¿somos realmente dueños de nuestras decisiones** o nuestras elecciones están determinadas por fuerzas que desconocemos? Esa es la paradoja del **libre albedrío**: la tensión entre la experiencia íntima de libertad y la evidencia de que todo, desde los movimientos de los planetas hasta las reacciones químicas del cuerpo, obedece a leyes naturales.

"El universo parece una inmensa cadena de causas y efectos.
¿Dónde queda, entonces, el espacio para la libertad?"

La filosofía y la ciencia han intentado responder a esta pregunta desde perspectivas opuestas. Por un lado, el **determinismo clásico** —heredero de Descartes y Laplace— afirma que el universo es una maquinaria perfecta, donde cada evento está condicionado por causas previas. En un cosmos así, **la libertad sería una ilusión**, un error de percepción de un cerebro que ignora las causas profundas de sus actos. Por otro lado, la experiencia humana cotidiana nos dice lo contrario: **sentimos que elegimos, que decidimos, que queremos**. Nos sentimos responsables de nuestros actos, y esa responsabilidad presupone libertad. Sin libertad, no habría moral, ni creatividad, ni evolución interior. La vida consciente perdería sentido.

"El libre albedrío es el territorio donde la ciencia se encuentra con la consciencia."

Esta aparente contradicción solo existe mientras consideremos la realidad como un conjunto de objetos separados. Si entendemos el universo como **un sistema complejo, autoorganizado y en constante creación**, el dilema cambia de naturaleza. En los sistemas complejos, **el orden emerge del caos** y las causas no determinan por completo los efectos, sino que **abren un rango de posibilidades**. Dentro de ese rango, el sistema puede elegir —no arbitrariamente, sino creativamente— su evolución.

El ser humano, como sistema consciente, **participa de esa misma dinámica**. No somos totalmente libres, porque pertenecemos a un contexto biológico, emocional y cultural que nos condiciona; pero tampoco somos esclavos de la causalidad, porque **la consciencia introduce una nueva dimensión de elección**. La libertad no es la ausencia de causa, sino **la capacidad de elegir cómo responder a las causas**.

"No elegimos las cartas que recibimos,
pero sí cómo jugarlas."

Desde la física moderna, incluso la materia más elemental **no se comporta de forma completamente predecible**. En el nivel subatómico, las partículas coexisten con el Éter —**campo de potencialidad**—, y el acto de observación define las posibilidades en una forma concreta. Esto sugiere que la consciencia no es pasiva: **participa en la configuración de lo real**. El libre albedrío, por tanto, no sería una anomalía en la naturaleza, sino **una expresión de la libertad creativa del universo en nosotros**.

"El ser humano no es un accidente de la física,
sino su posibilidad más consciente."

Sería interesante reconsiderar qué entendemos por "libertad" para determinar si es posible. Si creemos que ser libre es "hacer lo que quiero", la libertad puede convertirse en un capricho imposible —**quiero desaparecer en la nada**—. Pero si comprendemos que la verdadera libertad consiste en **decidir y actuar desde la consciencia**, entonces la libertad deja de ser reacción y se convierte en **resonancia**. El libre albedrío no se opone a las leyes del universo: **es la forma en que el universo elige a través de nosotros**.

"No somos completamente libres ni completamente determinados.
Somos el punto de encuentro entre ambas fuerzas:
el lugar donde la necesidad se hace

consciente
y el destino se convierte en elección."

Epicuro y la primera rebelión contra el destino

"Si todos los movimientos son siempre encadenados en una larga cadena de causas,
y la naturaleza no introduce ninguna desviación para romper la fatalidad del destino,
entonces no hay libre voluntad en los seres."
— Lucrecio

La pregunta por la libertad no nació con la modernidad, sino que **atraviesa toda la historia del pensamiento humano**. Entre los antiguos griegos, el determinismo era la visión dominante. Para los estoicos y los atomistas, el universo funcionaba como una maquinaria perfecta donde **todo acontecía por necesidad**. Los átomos —según Demócrito— se movían en el vacío siguiendo trayectorias fijas, y los seres humanos no éramos más que el resultado de esas colisiones inevitables.

Epicuro, sin embargo, **rompió con ese determinismo radical**. Para él, si todo estuviera completamente predestinado, **la libertad, la moral y la responsabilidad serían ilusiones**. Pero la experiencia humana mostraba lo contrario: sentimos, deseamos, elegimos. ¿Cómo reconciliar esa sensación interior de libertad con el orden físico del universo?

Epicuro propuso una idea audaz: el ***clinamen***, o *desvío atómico*. Según él, en su viaje por el vacío, los átomos **podían desviarse mínimamente de su trayectoria recta**, sin causa aparente —azar ontológico, causa sin causa previa—. Ese pequeño desvío introducía en la naturaleza **una grieta en la necesidad**, un espacio para la espontaneidad y la elección. Gracias al *clinamen*, suponía que el ser humano podía actuar libremente dentro de un cosmos ordenado.

> *"Sin ese mínimo margen de indeterminación, el alma sería una hoja en la corriente."*

Esta intuición —formulada hace más de dos mil años— **anticipa la indeterminación cuántica como una actualización de esta salida ante el destino inevitable del determinismo lineal**. En muchas interpretaciones de la Mecánica Cuántica —como la de Copenhague— se asume que el comportamiento de las partículas elementales **no puede predecirse con certeza**, solo con probabilidad y Heisenberg lo habría mostrado con su **principio de incertidumbre**: no podemos conocer simultáneamente la posición y la velocidad de una partícula, concluyendo que **la realidad a ese nivel no está fijada**.

Así como el *clinamen* aparentemente abría una rendija a la libertad en el mundo antiguo, la física cuántica **reintroduce el azar ontológico en el corazón mismo de la materia con el mismo resultado. Epicuro fue, sin saberlo, el primer físico cuántico de la historia**.

Pero no solo eso, Epicuro también propuso una ética coherente con esta visión. Si la vida no está completamente escrita, entonces **la felicidad depende de nuestras elecciones conscientes**. El sabio —decía— no busca dominar al destino, sino **vivir en armonía con la naturaleza**, eligiendo con discernimiento aquello que favorece la paz interior. La libertad, por tanto, no consistiría en hacer cualquier cosa, sino en **conocer las causas internas que nos mueven** y actuar de acuerdo con la razón y la serenidad.

> *"La libertad no es la ruptura del orden,*
> *sino su respiración."*

El problema filosófico de estos enfoques es que, al intentar escapar del determinismo, introducen un poder —el *clinamen* o el *azar cuántico*— que actúa **como causa sin causa previa**, algo que, como diría Aristóteles, coincide con la **definición misma de divinidad**. De este modo, el libre albedrío humano volvería a quedar en "manos de los dioses".

La salida a este enigma, sin contradicciones lógicas, la ofrecen los sistemas complejos, donde el orden y la novedad emergen del propio proceso como posibilidades evolutivas gracias a los bucles de retroalimentación —el sistema percibe qué ha hecho y reacciona ante ello: efecto base de la consciencia—. En este escenario el ser humano no es libre por sustraerse a las leyes del cosmos, sino porque **participa conscientemente en su dinámica, introduciendo nuevas opciones de elección con cada observación consciente**. La libertad no consiste en negar el determinismo, sino en orientar las causas hacia un fin elegido. Cada toma de consciencia y decisión consciente es el pequeño desvío que **reorganiza el flujo de nuestra vida y del universo mismo.**

> *"El libre albedrío no rompe la causalidad:*
> *la* ***renueva****.*
> *No es la ausencia de leyes, sino la*
> *consciencia de ellas."*

> ***"La voluntad humana es el puente entre***
> ***la ley y la libertad."***

Voluntad y causalidad

> *"La voluntad es la expresión más alta del*
> *orden que se sabe libre."*

Hasta aquí hemos visto que el universo se rige por principios de causalidad, pero que dentro de esa red de causas existe, como una grieta luminosa, **la consciencia**: el ámbito donde se muestra la potencialidad. De esa apertura surge la **voluntad**, la misteriosa facultad que permite a la consciencia **orientar el curso de las causas**, introduciendo dirección en el flujo del devenir.

> *"El libre albedrío no es el poder de*
> *romper las leyes del universo,*
> *sino el poder de participar*
> *conscientemente en ellas."*

La filosofía clásica concebía la voluntad como una propiedad del alma racional. La ciencia moderna, sin embargo, la entiende como **un proceso emergente** del cerebro y del sistema nervioso. Pero podríamos proponer un paso más allá: la voluntad no es ni puramente espiritual ni meramente biológica, sino **una propiedad sistémica de la consciencia**. Así como en los sistemas complejos el orden surge de la interacción entre millones de variables, **la voluntad surge de la coherencia entre pensamiento, emoción y acción**.

Cuando esa coherencia se alcanza, **el ser humano se convierte en un sistema autoorganizado capaz de influir en su propio destino**. La voluntad, entonces, no es una fuerza externa que domina la naturaleza, sino **una dinámica interna que reorienta el flujo de energía hacia un propósito elegido**.

> *"La libertad no consiste en oponerse a las causas,*
> *sino en elegir conscientemente cuál de ellas seguimos."*

Desde la física, todo evento tiene una causa; pero en la consciencia, **la causa puede convertirse en elección**. La diferencia entre reacción y libertad radica en **el grado de consciencia presente en el acto**. Cuando actuamos de forma automática, somos efecto de causas previas. Cuando actuamos con atención, **nos convertimos en causa de nuevas realidades**. Así, la voluntad es el punto donde el ser humano pasa de ser determinado a **convertirse en determinante**.

> *"El universo es una sinfonía de causas;*
> *la voluntad es la nota que improvisa dentro del compás."*

En términos de energía, **toda acción consciente reorganiza el campo de información del sistema**. Las decisiones tomadas con intención clara y coherencia emocional **tienen un impacto medible en el cuerpo** —en la bioquímica, en la plasticidad neuronal, en el campo electromagnético del corazón—, pero también **en el entorno**, a través del fenómeno de resonancia. Cada acto de voluntad consciente **aumenta la coherencia del sistema**, lo que a su vez amplía la capacidad de elección. La libertad, entonces, **no es un punto de partida, sino un proceso que se expande con la coherencia interior**.

> *"Cuanto más coherente es un ser, más libre se vuelve."*

Desde la neurociencia, se ha demostrado que antes de que tomemos una decisión, **nuestro cerebro ya ha iniciado la acción** unos milisegundos antes. Esto llevó a algunos científicos, como **Benjamin Libet**, a cuestionar la existencia del libre albedrío, pero hay que matizar. Esos experimentos no anulan la libertad, sino que muestran que **la voluntad no es un acto repentino**, sino un campo de decisión que **se extiende en el tiempo y en la consciencia**. La intención consciente puede modificar la ejecución incluso después del impulso inicial, por tanto, **la voluntad no controla, guía**; no impone, **orienta el flujo de energía hacia la dirección elegida**.

> *"La voluntad no manda: acompasa."*

Este proceso se puede comparar con el comportamiento de los sistemas complejos en la naturaleza. Un enjambre de abejas, una bandada de aves o el cerebro humano no obedecen a un líder externo, sino a **principios de coherencia interna** que guían su movimiento colectivo. La voluntad humana funciona igual: **no impone desde arriba, sino que organiza desde dentro**. Cada pensamiento, cada emoción y cada acto voluntario **reajustan el campo del ser**, generando nuevas configuraciones de realidad. En este sentido, la voluntad es **una expresión de la autoorganización consciente del universo**. No somos entes que luchan contra la causalidad, sino **centros de resonancia** donde la causalidad se vuelve consciente de sí misma. La verdadera libertad surge cuando comprendemos esta relación: que **la voluntad humana es la prolongación de la voluntad cósmica** actuando a través de nosotros.

"El libre albedrío no nos separa del universo:
nos convierte en su voz más consciente."

"No hay contradicción entre causalidad y libertad.
La causalidad explica cómo se mueve la energía;
la libertad explica por qué.
Y en ese porqué, que es intención,
reside la más alta expresión de la voluntad."

Entre destino y elección

"El destino es el cauce del río; la elección,
la forma en que aprendemos a nadar."

De nuevo retomamos la paradoja que ha inquietado por igual a la filosofía y a la espiritualidad: ¿**hasta qué punto somos libres**, y hasta qué punto **nuestra vida está guiada por un orden mayor**? Si todo está determinado, la libertad es una ilusión; pero si todo depende del azar, la existencia pierde sentido. Entre esas dos posiciones —el determinismo absoluto y el caos total— hemos planteado una tercera vía: **la libertad dentro del orden**, en la que vamos a profundizar.

> *"No somos esclavos del destino, ni señores del azar.*
> *Somos coautores de una sinfonía que ya suena."*

Desde la física moderna, esta visión tiene un fundamento claro. Los sistemas complejos —como el clima, el cerebro o las sociedades humanas— **no evolucionan de manera lineal**. Dentro de sus límites existen **zonas de máxima sensibilidad**, donde pequeñas variaciones pueden conducir a grandes transformaciones. El universo, por tanto, **no es un guion cerrado**, sino **una red dinámica de posibilidades**. El libre albedrío no rompe las leyes del cosmos: **opera dentro de sus márgenes de libertad**.

El **destino** podría entenderse como el conjunto de condiciones iniciales: la familia, el cuerpo, la cultura, el tiempo histórico. Todo eso constituye **la estructura básica del sistema**, el cauce por donde fluye nuestra energía vital. La **elección**, en cambio, es la manera en que respondemos a esas condiciones, **el modo en que navegamos dentro del cauce**. No elegimos las circunstancias, pero sí **la consciencia con que las vivimos**. En esa consciencia reside nuestra libertad.

> *"El destino es lo que nos ocurre; la elección, lo que hacemos con ello."*

Decía **Carl Jung**, que mientras lo inconsciente no se haga consciente, el ser humano lo llamará destino. La libertad comienza cuando **vemos los patrones que antes nos movían sin saberlo**. Cada vez que una emoción, una creencia o un miedo oculto se hace visible, **el margen de elección se amplía**. Así, el destino no se anula: **se transforma en camino consciente**. Desde la neurociencia y la física de sistemas, este proceso puede describirse como un cambio de **nivel de organización**. Cuando un sistema alcanza suficiente información sobre sí mismo, puede **autoajustar su comportamiento**. Del mismo modo, cuando la consciencia humana se ilumina, deja de ser efecto de las causas y **comienza a elegir las direcciones** de su evolución. La libertad, entonces, **no es ausencia de causa, sino consciencia de causa**.

> *"Solo quien conoce sus condicionamientos puede elegir más allá de ellos."*

Pero, cuidado, no estoy definiendo la elección libre de modo equivalente a como harían los estoicos deterministas —*no pretendas que las cosas ocurran como tú quieres; desea que ocurran como ocurren, y tu vida transcurrirá serenamente*— o como es la descripción actual del comportamiento del ADN: las células no pueden cambiar su entorno, pero sí **activar o desactivar genes según la información que reciben**. **La consciencia**

no se limita a adaptarse al entorno: lo modula. La mente humana —cuando vibra en coherencia— altera el campo que la rodea y cada cambio interior genera una nueva resonancia que **reorganiza la realidad externa en armonía**, como un efecto mariposa consciente. Éste es el verdadero poder de la elección: transformar el orden del universo desde dentro de uno mismo, hasta que lo de fuera se sintoniza con lo que somos.

En términos espirituales, **el destino no es una condena que soportar**, sino **un campo de posibilidades en continua evolución**. Cada experiencia nos invita a afinar nuestra frecuencia interior para que la vida responda en resonancia.

> *"El libre albedrío no niega el destino:*
> *lo transforma en diálogo consciente entre*
> *el ser vivo y el universo."*

Si imaginas la vida como una partitura cósmica, el destino marcaría la estructura, la tonalidad y el ritmo, siendo la elección la interpretación. Dos músicos pueden tocar la misma obra y despertar emociones totalmente diferentes. Así también, dos almas pueden atravesar un mismo acontecimiento y generar realidades opuestas. **El arte de vivir consiste en interpretar conscientemente la melodía universal, hasta que nuestra nota personal contribuya a la armonía del todo**.

Desde la física de sistemas, este principio se expresa en los bucles de realimentación —que permiten la autoorganización— y **el efecto mariposa**: la realidad contiene en infinitas posibilidades para que **la consciencia**

del observador elija una de ellas y se materialice. Cada elección es un acto creativo que **actualiza una posibilidad, descartando y generando incontables más**. El libre albedrío, entonces, **no consiste en controlar el universo**, sino en **participar de su creación continua**.

"El destino es el campo de lo posible;
la elección, el acto por el cual el universo
lo hace real."

"Entre destino y elección no hay
contradicción, sino danza.
El universo nos ofrece las condiciones,
y nosotros le devolvemos la forma.
En esa reciprocidad, el cosmos se descubre
libre,
porque el ser humano, al elegir, lo
recrea."

El observador consciente

"El universo no existe 'ahí fuera',
independiente de nosotros. Somos
ineludiblemente parte del todo."
— John Archibald Wheeler

Hasta ahora, hemos concebido la realidad como algo externo, objetivo, independiente de nosotros. Pero los descubrimientos de la física de sistemas han puesto en duda esa separación. El acto de observar conscientemente **modifica lo observado**. La consciencia, por tanto, **no es un testigo pasivo del cosmos, sino un agente creador dentro de él.**

"El observador no está fuera del experimento: es parte esencial del resultado."

Desde la perspectiva de la neurociencia, **el cerebro no percibe la realidad tal como es**, sino que **la construye activamente**. Cada percepción, pensamiento o emoción **modifica las conexiones neuronales**, generando un modelo interno del mundo. Así, la observación no solo ocurre hacia fuera: **también ocurre dentro**. Lo que vemos "ahí fuera" es el reflejo de nuestra organización interior. La consciencia actúa como un espejo doble: **refleja y crea al mismo tiempo.**

"Ver es influir; comprender es transformar."

Esta comprensión tiene implicaciones profundas para el concepto de libertad. Si el observador modifica la realidad, entonces **el libre albedrío es una función del grado de consciencia con el que observamos.** Cuanto más dormida está la mente, más automática es la experiencia; cuanto más despierta, **más capacidad tenemos para elegir la realidad que manifestamos.** La libertad no es un don otorgado, sino **una competencia evolutiva de la consciencia.**

"La libertad crece con la lucidez."

Cada sistema vivo —desde una célula hasta una sociedad— **evoluciona en respuesta a la información que percibe de su entorno.** La percepción determina la adaptación; la adaptación determina la forma. Por tanto,

la calidad de nuestra percepción —lo que elegimos ver, atender o ignorar— **define la realidad que habitamos.** Ver con miedo genera una realidad defensiva; ver con amor genera una realidad cooperativa. La consciencia, entonces, **no fuerza el cambio en el mundo directamente: cambia la forma en que el mundo se autoorganiza a nuestro alrededor.**

> *"El observador consciente es el ojo a través del cual el universo se reconoce."*

Podemos relacionar esta idea con la tradición mística de Oriente y Occidente.

Los Upanishads decían: *"Tú eres eso."*

San Agustín afirmaba: *"Dios es más íntimo a mí que yo mismo."*

Ambas expresiones apuntan a la misma verdad: **la consciencia individual y la universal son la misma esencia manifestándose a distintas escalas.** Cuando el observador comprende que lo observado es parte de sí mismo, desaparece la dualidad, y lo que queda es **una única consciencia autoexperimentándose.**

La ciencia física y la mística, lejos de contradecirse, se iluminan mutuamente. La primera demuestra que **el universo responde a la observación**, y la segunda enseña que **la observación pura —sin juicio ni deseo— revela la realidad esencial.** Cuando ambas visiones convergen, aparece una comprensión profunda: que **la consciencia es**

la sustancia volitiva del universo, y el libre albedrío, **su facultad de elección dentro del infinito de posibilidades.**

> *"Cada pensamiento observado con consciencia es un efecto mariposa hacia una versión más lúcida de nosotros mismos."*
>
> *"El observador consciente no busca controlar el universo,*
> *sino participar en su danza.*
> *La realidad no es un objeto que descubrimos,*
> *sino un espejo que responde a la mirada.*
> *Cuando miramos con amor, el cosmos se organiza.*
> *Cuando miramos con miedo, se fragmenta.*
> *Porque el universo, al fin y al cabo,*
> *es la mirada con la que lo miramos."*

Libertad como coherencia

> *"Ama y haz lo que quieras:*
> *si callas, callarás con amor;*
> *si gritas, gritarás con amor;*
> *si corriges, corregirás con amor;*
> *si perdonas, perdonarás con amor.*
> *Que en ti esté la raíz del amor,*
> *de esa raíz no puede brotar sino el bien."*
> *— San Agustín*

Durante siglos, hemos entendido la libertad como independencia, como la capacidad de actuar sin límites ni condicionamientos. Pero la experiencia muestra que **quien ignora las leyes de la naturaleza no es libre, sino esclavo de su desconocimiento.** Solo quien comprende las leyes puede cooperar con ellas, y **en esa cooperación nace la libertad auténtica: la libertad coherente.**

> *"Ser libre no es romper las reglas del universo,*
> *sino alinearse con su inteligencia."*

La coherencia es el punto culminante del proceso evolutivo de la consciencia. A medida que comprendemos más profundamente cómo funciona el universo —sus ciclos, sus interconexiones, su ritmo—, nuestras acciones dejan de ser impulsos caóticos y se convierten en **actos de participación consciente**. La libertad no es entonces una oposición a la causalidad, sino **su expresión más refinada.** El ser verdaderamente libre no es quien se separa del todo, sino **quien actúa desde la armonía con él.**

Desde la ciencia de los sistemas complejos, esto puede explicarse con claridad. Un sistema es libre, **no cuando actúa al azar**, sino cuando logra **autoorganizarse en coherencia con su entorno.** La libertad es, pues, una **propiedad emergente del equilibrio dinámico**: surge cuando el sistema integra toda su información disponible y responde creativamente sin perder estabilidad. En el ser humano, esa coherencia se manifiesta **cuando pensamiento, emoción y acción vibran al unísono.**

> *"El desorden interior genera reacción; la coherencia, elección."*

La falta de coherencia —cuando el pensamiento dice una cosa, la emoción siente otra y el cuerpo hace lo contrario— **reduce la libertad real del individuo.** En ese estado, actuamos movidos por automatismos, por miedos o creencias no resueltas. Solo cuando logramos integrar las distintas dimensiones del ser, **recuperamos el poder de elegir conscientemente.** Por eso, la libertad no es un derecho otorgado, sino **una conquista interior.**

Desde la biología, la coherencia se traduce en **eficiencia energética.** El corazón, el cerebro y el sistema nervioso funcionan mejor cuando están sincronizados, generando patrones armónicos en el cuerpo. En ese estado, **el organismo gasta menos energía en mantener su equilibrio**, lo que se traduce en mayor claridad mental, creatividad y bienestar. La coherencia física refleja una **coherencia emocional y espiritual**: el cuerpo, la mente y el alma resuenan en una misma frecuencia.

> *"La libertad no se mide por la ausencia de límites,*
> *sino por la presencia de armonía."*

Podemos comparar esta mirada con la música. Un músico es libre no porque ignore la escala, sino porque **la domina hasta poder improvisar sin salirse del tono.** La libertad, del mismo modo, **no es anarquía**, sino **arte de la sintonía.** El sabio, como el músico, se mueve dentro del orden natural, pero **su consciencia le permite interpretar la melodía universal con creatividad y belleza.** Esa es la libertad en su sentido más elevado: **la libertad del maestro que ha hecho de la coherencia su arte.**

Desde una perspectiva espiritual, esta coherencia se convierte en comunión. Cuando el individuo se alinea con el orden del universo, **su voluntad y la del cosmos dejan de ser dos y se funden en una sola dirección.** Entonces, **la acción fluye sin esfuerzo**, porque nace de la comprensión profunda de la unidad. No hay lucha entre el "yo quiero" y el "debo", porque **el querer surge del entender.** La libertad se vuelve un estado de gracia: **una danza consciente dentro del orden infinito.**

> *"La libertad es el eco del universo en equilibrio dentro del corazón humano."*

Esta coherencia no implica perfección estática, sino **ajuste constante.** La libertad coherente se renueva a cada instante, del mismo modo que el cuerpo respira y el universo se expande. Es una práctica viva de observación, aprendizaje y adaptación. Por eso, **la libertad no existe como estado fijo**, sino como proceso continuo de **alineación con la verdad percibida.**

> *"La libertad se conquista cada vez que elegimos desde la verdad y no desde el miedo."*

> *"Ser libre es vibrar en coherencia con el pulso del cosmos.*
> *Cuando comprendemos que nuestras decisiones afectan al todo,*
> *elegimos con respeto, actuamos con consciencia y amamos con lucidez.*
> *La libertad deja de ser un privilegio individual y se convierte en*

responsabilidad cósmica.
Porque la verdadera libertad no se ejerce
contra el universo,
sino con él."

CAPÍTULO 9

El Cambio Interior

El mito del cambio

"O creas tú las leyes que rigen tu realidad,
o vivirás obedeciendo las de otros."

La clave de toda transformación es el cambio interior. Nada real puede modificarse en el mundo externo si antes no se reorganiza la estructura interna de quien lo observa. La revolución comienza en la mente, se consolida en el corazón y se manifiesta en el mundo.

"Cambiar no es añadir algo nuevo a lo
que somos,
sino recordar lo que siempre fuimos."

Para poner este proceso en contexto, podemos recurrir a un mito iniciático que describe **cómo se forma la psique humana** y cómo se establecen las "leyes" que dirigen nuestra percepción de la realidad. Recuerda que, en las tradiciones antiguas, los mitos no eran simples relatos simbólicos, sino **mapas de consciencia**: instrumentos para comprender el funcionamiento de la mente y del cosmos. Todo conocimiento es un mito nacido de una verdad evidente; y **todo mito es una forma de ciencia interior.**

Soñar el mundo

"El mundo existe porque alguien lo sueña."

El universo no es un hecho dado, sino **una experiencia viva sostenida por la consciencia que sueña, pero** soñar el mundo **requiere un acto de valentía.** Cuando el ser humano pierde el coraje de imaginar y crear su propia visión, **acaba viviendo dentro del sueño colectivo de su cultura, su biología o su historia personal.** Entonces, deja de ser creador y se convierte en sujeto de una creación ajena:

> *"O piensas o te* piensan,
> *o creas o te crean."*

El cambio interior comienza cuando **recuperamos la capacidad de soñar con consciencia**, de imaginar una realidad diferente y de asumir la **responsabilidad** de nuestra visión. La imaginación no es fantasía: es **la matriz de la realidad futura.** Cada pensamiento sostenido con intención y emoción se convierte en semilla de experiencia.

El mito como estructura de la psique

Podemos ahora introducir el mito de la creación interior.

Cuando nacemos, existen dos arquetipos primordiales —la madre y el padre—, que representan las polaridades fundamentales del ser. En el inicio, la conexión con la madre es total: el niño vive en un estado de **unidad absoluta**, un océano de fusión emocional y energética. Ese vínculo corresponde al hemisferio derecho del cerebro, **receptivo, intuitivo y simbólico**. Más tarde, con el desarrollo del pensamiento racional, **surge el hemisferio izquierdo**, que separa, analiza y estructura la experiencia. Esa separación necesaria marca el nacimiento del ego y, con él, **la percepción de dualidad: sujeto y objeto, yo y mundo.** Este paso, aunque doloroso, es indispensable para la evolución. El alma desciende a la forma para **experimentar la aparente división** y así poder reencontrar la unidad, pero esta vez de modo consciente. El cambio interior **es el camino de regreso a esa unidad perdida**, la integración entre lo masculino y lo femenino, entre la razón y la intuición, entre la ley externa y la ley interior.

El espacio de la ley

Cada ser humano, a lo largo de su desarrollo, va grabando en su subconsciente una serie de "leyes" o patrones mentales que definen lo posible y lo imposible sobre la realidad. Ese conjunto de creencias es denominado **"el espacio de la ley" en a**lgunas culturas chamánicas.

El cerebro, por naturaleza, busca sentido en todo lo que ocurre; y si no encuentra explicación, **la inventa**, recurriendo a las creencias ya almacenadas en ese espacio. Por eso, si no diseñamos conscientemente nuestras propias leyes internas, **acabamos cumpliendo**

las que otros han escrito en nosotros —familiares, sociales, religiosas o biológicas.

> *"El cerebro, por defecto, obedece las leyes*
> *que conoce,*
> *incluso cuando ya no le sirven."*

De ahí surge la importancia del mito, no como historia antigua, sino como **modelo para reescribir la ley interna.** Cada vez que comprendemos un mito —no como superstición, sino como espejo del alma—, ampliamos el espacio de la ley y con ello **aumentamos nuestra libertad de acción.** El cambio interior comienza cuando **revisamos conscientemente nuestras leyes internas**, observando cuáles nos limitan y cuáles nos alinean con la vida. Cambiar no es destruir esas leyes, sino **reconocer su origen y transformarlas en conocimiento consciente.**

> *"No se trata de romper las leyes,*
> *sino de comprenderlas hasta que se*
> *vuelvan nuestras aliadas."*

El acto de valentía

El mito enseña, finalmente, que **soñar el mundo con valentía** es el acto más elevado de libertad. El universo se recrea continuamente a través de quienes se atreven a imaginarlo desde el corazón. El miedo paraliza el sueño; la valentía lo activa. El cambio interior no consiste en planificar ni controlar, sino en **abrirse a una inteligencia más profunda** que guía la evolución del alma.

"Cada vez que eliges imaginar con amor,
el universo genera nuevas posibilidades."

"Atrévete a soñar con consciencia.
No para escapar del mundo, sino para recrearlo desde dentro.
Porque el mito más grande no está en los libros antiguos,
sino en la historia viva que escribes cuando decides cambiar."

La creación de la ley interna

"Si no conoces las leyes que rigen tu mente,
vivirás bajo las leyes de quien sí las conoce."

La mente humana es un generador de significado, pues el cerebro, por su propia naturaleza, no soporta el vacío de sentido. Cuando algo ocurre, busca inmediatamente **una causa, un patrón o una explicación** y si no la encuentra en la experiencia consciente, **la inventa a partir de lo que ya sabe.** Ese mecanismo, tan necesario para la supervivencia, es también el origen de **nuestras creencias, nuestros límites y nuestras "leyes internas".**

"El cerebro no busca la verdad, busca coherencia."

Cada persona **vive dentro de un sistema de leyes psíquicas** —invisibles, pero poderosas— que definen qué es posible, qué es correcto y qué merece ser vivido. Estas leyes no son impuestas desde fuera: **se forman dentro del subconsciente** a partir de las experiencias, las emociones y los modelos que absorbemos desde la infancia. Así, la realidad exterior se convierte en un reflejo de esas estructuras internas. Si crecimos en un entorno donde el amor se asociaba al sacrificio, tenderemos a reproducir ese patrón inconscientemente. Si aprendimos que el éxito implica sufrimiento, el cerebro **buscará confirmar esa regla**, aunque nos perjudique.

"La mente no distingue entre verdad y costumbre:
convierte lo repetido en real."

El espacio de la ley

En **"el espacio de la ley"** se almacenan las estructuras básicas con las que interpretamos el mundo. Cada ley actúa como un **código de programación** que filtra la percepción y dirige el comportamiento. Cuando algo ocurre, el cerebro no observa el hecho directamente, **lo compara con su base de datos interna**, busca una correspondencia y genera una respuesta automática. Así, reaccionamos más que elegimos.

"El 95% de lo que llamamos libertad es hábito."

En este sentido, la transformación interior comienza por **revisar esas leyes internas.** No para negarlas, sino para reconocer cuáles fueron heredadas —de los padres, de la cultura, del miedo— y cuáles pueden ser reemplazadas por estructuras más amplias y conscientes. El cerebro es plástico: cada nueva comprensión **crea rutas neuronales alternativas**, y con ellas, **nuevas posibilidades de acción.** Cambiar una creencia es literalmente **cambiar la arquitectura física del cerebro.**

El mito de la madre y el padre interiores

Para explicar cómo se forma ese espacio de la ley, podemos recurrir a un simbolismo profundo: los arquetipos del **Padre** y la **Madre** interiores. El arquetipo materno representa el hemisferio derecho del cerebro: **la intuición, la conexión emocional, el sentir.** El arquetipo paterno, en cambio, se asocia al hemisferio izquierdo: **la estructura, la razón, la dirección.** Ambos son necesarios. Pero cuando uno domina sobre el otro —cuando la razón sofoca la emoción o la emoción confunde la razón—, la psique se desequilibra, y con ella **las leyes internas se distorsionan.**

> *"Toda rigidez mental es un exceso del padre;*
> *todo caos emocional, un exceso de la madre."*

Durante la infancia, estos arquetipos se internalizan a través de las figuras parentales reales. El niño no solo aprende conductas, sino que **graba en su subconsciente las dinámicas de amor, autoridad y pertenencia**. Con el tiempo, esas impresiones se convierten en leyes internas que dictan cómo debe comportarse para ser aceptado o para sobrevivir. El cambio interior exige volver a ese punto de origen, **reconocer a los padres interiores**, perdonar sus excesos o ausencias, e integrar sus cualidades en equilibrio.

> *"El cambio comienza cuando dejamos de obedecer al padre o a la madre interiores y comenzamos a escuchar al adulto consciente que somos."*

La ley como espejo de la evolución

Estas leyes no son errores: son **etapas de aprendizaje.** Cada una fue útil en su momento, ayudó a mantenernos a salvo o a encontrar sentido en el caos. Pero lo que alguna vez fue un refugio, con el tiempo puede volverse una prisión. Por eso, el cambio interior no consiste en destruir las viejas leyes, sino en **agradecerles su función positiva y trascenderlas.** Cada vez que una ley interna se ilumina con consciencia, deja de actuar desde el inconsciente y **se convierte en sabiduría.**

> *"Una ley comprendida deja de ser obligación y se vuelve elección."*

Desde la física de sistemas sabemos que **la mente es un sistema autoorganizado**, que busca constantemente el equilibrio entre orden y libertad. Cuando una creencia rígida impide el flujo de información, el sistema se estanca. Pero cuando la consciencia amplía su rango de percepción, **el sistema se reconfigura espontáneamente hacia un nivel superior de coherencia.** Ese salto —de una ley rígida a una ley comprendida— es el verdadero acto de evolución.

Reescribir la ley

El proceso final es el más profundo: **recrear la ley interna desde la consciencia. Por eso es tan importante** observar cada pensamiento limitante y preguntarse: ¿de quién es esta ley? ¿la aprendí o la descubrí? Solo las leyes descubiertas desde la experiencia directa permanecen vivas, las demás, al ser vistas, **se disuelven.** Entonces, el ser humano deja de ser esclavo de su programación y se convierte en **soberano de su propio universo interior.**

"El cambio no llega cuando rompemos la ley,
sino cuando comprendemos que somos quienes la escriben."

"Cada mente es un cosmos en miniatura.
Y en cada instante, la consciencia está creando las leyes por las que ese cosmos se rige.
Si el pensamiento se alinea con el amor, la ley se vuelve coherente;
si se alinea con el miedo, la ley se distorsiona.
La evolución humana consiste en recordar que el juez y el creador son el mismo ser."

Integrar los opuestos

"La evolución no ocurre eliminando uno de los polos,
sino reconciliándolos en una nueva unidad."

Todo cambio interior verdadero pasa por la integración de los opuestos. Durante siglos, la humanidad ha intentado resolver su conflicto interno **eligiendo un lado**: razón o emoción, espíritu o materia, ciencia o fe. Pero la vida **no se equilibra eliminando una polaridad, sino armonizándola.**
La evolución de la consciencia no consiste en vencer una parte de nosotros, sino en **unir lo que parecía irreconciliable.**

> *"Mientras haya lucha entre tus partes, no hay libertad."*

Desde la psicología más profunda, **Carl Jung** definió este proceso como **la individuación**: el camino mediante el cual el ser humano integra las zonas inconscientes de su psique hasta volverse un individuo completo. Jung lo expresaba simbólicamente con la imagen del matrimonio alquímico: la unión del Sol y la Luna, del Rey y la Reina, del Espíritu y la Materia. Esa unión no ocurre por voluntad racional, sino por **comprensión y aceptación.** Solo cuando ambas fuerzas —masculina y femenina, activa y receptiva— se reconocen mutuamente, **la consciencia puede nacer a un nivel superior.**

La polaridad como motor del universo

Vamos a ampliar esta visión con fundamentos científicos. Toda estructura del universo —desde los átomos hasta las galaxias— **se basa en el equilibrio dinámico entre fuerzas opuestas.** El positivo y el negativo, la expansión y la contracción, el orden y el caos, son polos de una misma energía en movimiento. Si una de ellas desapareciera, **el**

universo dejaría de existir. De igual modo, la psique humana necesita ambos principios: la razón que estructura y la emoción que da sentido. El hemisferio izquierdo y el derecho, como dos corrientes eléctricas, generan la chispa de la consciencia.

> *"El conflicto entre polos no es un error: es el impulso que hace girar la rueda de la evolución."*

Por eso, te propongo dejar de hablar de "bien" y "mal" como categorías opuestas, y verlas como **complementos en el proceso de aprendizaje.** El bien representa lo que ya está integrado; el mal, lo que aún necesita ser comprendido. La sombra —diría Jung— **no es enemiga de la luz, sino su condición de posibilidad.** El cambio interior requiere mirar de frente esa sombra, abrazar el miedo, el enojo o la tristeza como partes legítimas de la totalidad. Solo así se libera la energía que esas emociones retenían.

> *"No hay luz que no nazca de su propia oscuridad comprendida."*

La alquimia interior

La psique humana es como un laboratorio donde los opuestos se funden y **transmutan en una sustancia nueva.** En el lenguaje simbólico de la alquimia, la unión de los contrarios da lugar al *lapis philosophorum*, la piedra filosofal, que representa **la consciencia integrada.** No se trata de anular las emociones o racionalizarlas, sino de **permitir que ambas dimensiones colaboren** en la creación de una mente más amplia.

"La integración de los opuestos es el fuego que purifica al alma."

Desde la física de sistemas, el proceso puede describirse como **un cambio de fase:** cuando dos fuerzas en tensión alcanzan el punto exacto de equilibrio, el sistema cambia de estado y **emerge una nueva forma de orden.** Así, cuando el individuo logra mantener en equilibrio su polaridad interna —sin reprimir ni exagerar ninguno de los polos—, se produce **una expansión de la consciencia.** El resultado no es un punto medio tibio, sino **una síntesis superior** donde los opuestos dejan de ser enemigos y se reconocen como partes de un mismo campo de energía.

Masculino y femenino: las dos alas de la consciencia

Retomemos los arquetipos de los apartados anteriores: el **principio masculino**, asociado a la claridad, la lógica, la voluntad y la acción; y el **principio femenino**, ligado a la intuición, la receptividad, el sentir y la conexión con el todo. Ambos están presentes en cada ser humano, más allá del género biológico. Cuando uno de los dos domina, el vuelo interior se desequilibra: la mente se vuelve fría o la emoción se vuelve caótica. Pero cuando ambos trabajan en armonía, **el alma adquiere sus dos alas.**

"El hombre y la mujer, en su sentido simbólico,
son las dos mitades de un mismo vuelo."

La integración de estos principios no ocurre solo a nivel psicológico, sino también biológico. Las investigaciones sobre **coherencia cerebral** muestran que cuando ambos hemisferios del cerebro trabajan sincronizados, **la percepción se amplía y la creatividad se multiplica.** La integración de los opuestos, por tanto, no es una idea metafórica, sino **una condición fisiológica de la consciencia expandida.**

El punto de equilibrio

El proceso de integración no es un estado fijo, sino un movimiento constante. La vida entera es un ejercicio de equilibrio dinámico: **inspirar y exhalar, dar y recibir, avanzar y descansar.** La sabiduría no consiste en evitar los extremos, sino en **oscilar conscientemente entre ellos** hasta descubrir el punto invisible donde se funden. Ese punto es el centro del ser, **el eje donde la dualidad se transforma en unidad.**

"La unidad no se alcanza negando los polos,
sino recordando que ambos pertenecen al mismo campo de amor."

"Integra tus contrarios.
Permite que tu razón escuche al corazón,
y que tu corazón ilumine a la razón.
En esa danza entre el orden y el misterio,
descubrirás que tú mismo eres el puente
entre la materia y el espíritu."

Ejercicio de transformación

"No puedes cambiar aquello de lo que no eres consciente.
La consciencia es el primer acto de libertad."

Todo conocimiento que no se encarna permanece estéril. Comprender las leyes internas o los principios de la mente es solo el primer paso; el siguiente consiste en **vivirlos conscientemente**, en hacerlos experiencia. El cambio interior no ocurre por acumulación de ideas, sino **por la práctica diaria de la presencia**.

"Saber no transforma; observar sí."

Este ejercicio es un método simple y poderoso para iniciar el proceso de transformación interior. No se trata de una técnica rígida, sino de **una práctica viva**, un diálogo con uno mismo. El objetivo no es corregir ni controlar, sino **comprender y liberar energía**.

Paso 1. Observar sin juicio

Durante un día completo, dedica momentos de silencio para **observar tus pensamientos y emociones sin intentar cambiarlos**. Cada vez que surja una reacción —una crítica, un miedo, una impaciencia—, detente y obsérvala como si la vieras desde fuera. Pregúntate:

- ¿Qué ley interna está actuando aquí?
- ¿Qué estoy defendiendo o repitiendo?

No intentes analizar ni justificar: **solo contempla**. La simple observación interrumpe el automatismo. Allí donde hay mirada consciente, el patrón pierde fuerza.

> *"El juicio alimenta al patrón; la observación lo disuelve."*

Paso 2. Reconocer la ley

Al final del día, anota en tu cuaderno las situaciones que más te movilizaron. Escribe, sin censura, la frase interna que parecía dirigir tu reacción. Por ejemplo:

- "Si no me esfuerzo, no valgo."
- "Si digo lo que siento, perderé amor."
- "Tengo que demostrar que tengo razón."

Estas frases son las **leyes inconscientes** que configuran tu espacio interno. Nombrarlas es el primer acto de libertad. El cerebro reconoce la incoherencia entre la vieja ley y la consciencia presente, y comienza **a reconfigurarse**.

Paso 3. Agradecer y liberar

Una vez reconocida la ley, **agradece su propósito positivo original.** Cada creencia tuvo una función: protegerte, ayudarte a sobrevivir, mantenerte a salvo. Pero su tiempo ya pasó. Cierra los ojos, respira y repite:

> *"Gracias por haberme servido.*
> *Ya no te necesito.*
> *Te libero con amor."*

El agradecimiento desactiva la carga emocional del pasado. La energía atrapada en la creencia se libera y **se transforma en comprensión.** Desde la neurobiología, este acto activa los circuitos de calma del sistema nervioso parasimpático, facilitando la reprogramación neuronal.

Paso 4. Redefinir la ley

Ahora, escribe una nueva afirmación que refleje tu comprensión actual. Por ejemplo:

- "Mi valor no depende del esfuerzo, sino de mi presencia."
- "Puedo expresar lo que siento con amor y ser comprendido."
- "Prefiero la paz a tener razón."

Esta nueva formulación **reconfigura tu campo interno.** Cada vez que repitas esa frase con convicción y emoción coherente, **reforzarás nuevas conexiones neuronales** y debilitarás las antiguas. La mente aprende por repetición emocionalmente significativa.

> *"Repetir con consciencia es crear con energía."*

Paso 5. Anclar la transformación

Para consolidar el cambio, propongo mantener un **cuaderno de bitácora de transformación.** En él, anota cada día:

- Las leyes que has identificado.
- Las emociones que se liberaron.
- Las nuevas comprensiones que surgieron.

Este registro no es un diario psicológico, sino **un mapa de evolución.** Con el tiempo, podrás ver los patrones que se repiten y cómo **la consciencia los va deshaciendo.** Cada anotación es una huella de tu proceso de despertar.

"Escribe para recordar quién estás siendo mientras cambias."

Paso 6. Visualizar el nuevo orden

Una vez liberada la energía, dedica unos minutos a **imaginar la nueva versión de ti mismo** actuando desde la comprensión. Visualízate respondiendo con calma donde antes reaccionabas con miedo; expresando amor donde antes había culpa. La visualización coherente **instruye al cerebro y al campo energético** para manifestar esa nueva realidad.

"Verte transformado es comenzar a serlo."

El propósito del ejercicio

Este proceso —observación, reconocimiento, liberación, recreación y anclaje— constituye **una alquimia interior.** La mente se convierte en laboratorio y la consciencia, en fuego transformador. Cada ciclo de observación y comprensión **libera energía y amplía el campo de**

coherencia personal. No se trata de alcanzar un ideal, sino de **recordar la inteligencia natural del alma.**

> *"Transformar no es cambiar de forma,*
> *sino revelar el orden oculto que ya eres."*

> *"Haz de la consciencia tu hábito.*
> *Observa, agradece, transforma.*
> *Cada pensamiento comprendido se convierte en luz.*
> *Cada emoción liberada abre espacio para la libertad.*
> *Y cada acto consciente hace el universo un poco más coherente."*

El cambio como camino infinito

> "Nada está terminado, porque la vida misma es una constante metamorfosis."

El cambio interior no tiene fin. Cada comprensión abre una nueva pregunta, cada transformación revela una nueva frontera. El universo no es un sistema estático, sino **un proceso perpetuo de creación y reorganización**, y el ser humano, como parte de ese proceso, **está llamado a cambiar continuamente.**

> *"Cambiar no es perderse, sino volverse más uno mismo."*

La transformación interior no es un destino, sino **una dirección**, un modo de vivir en coherencia con la dinámica del cosmos. Así como el universo se expande desde el Big

Bang hacia una complejidad cada vez mayor, **la consciencia humana también se expande** a través de la experiencia, el aprendizaje y la integración de lo desconocido. El cambio no es un accidente en la evolución: **es la evolución misma en acción.**

El movimiento de la consciencia

Toda forma de vida, desde una célula hasta una galaxia, **se rige por ciclos de orden, desorden y reordenamiento.** Cuando un sistema alcanza un punto de saturación, el equilibrio anterior deja de servir, y surge la necesidad de un nuevo orden. Eso que llamamos "crisis" no es una catástrofe, sino **una señal de expansión.** El alma evoluciona por crisis de consciencia, del mismo modo que el universo evoluciona por cambios de fase. Cada crisis contiene una invitación a reorganizar la energía hacia un nivel superior de coherencia.

> *"La vida no destruye lo que fuimos: lo integra en una forma más amplia."*

El cambio, entonces, no es una excepción en la naturaleza: es **su principio más constante.** Pretender permanecer igual es oponerse al movimiento de la vida. Por eso, resistirse al cambio genera sufrimiento: porque nos desconectamos del flujo natural de la existencia. Cuando aceptamos ese flujo y participamos conscientemente en él, **el cambio deja de ser amenaza y se convierte en arte.**

El ser humano como proceso

El ser humano no es un ser acabado, sino —como el propio universo— **una obra en desarrollo.** La biología muestra que incluso en la edad adulta **el cerebro sigue cambiando**, creando nuevas conexiones neuronales según nuestras experiencias y pensamientos. Cada emoción comprendida y cada elección coherente **modifican la arquitectura cerebral y el campo energético.** De este modo, la transformación interior es una **biología viva de la consciencia.**

"Eres un verbo disfrazado de sustantivo."

El cambio como camino infinito implica **aceptar la impermanencia** como maestra. Nada permanece, ni las ideas, ni las emociones, ni las formas. Todo lo que resiste al cambio se cristaliza; todo lo que fluye con él **se renueva constantemente.** Por eso, el sabio no busca estabilidad, sino armonía. La estabilidad pertenece al miedo; la armonía, a la confianza.

El universo como espejo del alma

Podemos relacionar esta comprensión con la física moderna. El universo no se sostiene en el equilibrio estático, sino en el **equilibrio dinámico**: una danza entre expansión y contracción, entre energía y forma. Cada partícula vibra, cada sistema se adapta, cada campo responde a los cambios de su entorno.
De igual modo, la consciencia humana se transforma al interactuar con el campo de la vida. No estamos

separados del universo: **somos la manera en que él se transforma conscientemente.**

> *"El universo evoluciona a través de quienes deciden evolucionar."*

Esta visión redefine el propósito humano: no estamos aquí para conquistar la materia ni para dominar la naturaleza, sino para **participar de su transformación consciente.** Cada cambio interior —cada comprensión, cada acto de coherencia— contribuye al orden global. La evolución personal y la universal **no son procesos distintos, sino aspectos del mismo movimiento.**

El cambio como comunión

Te invito a vivir el cambio no como esfuerzo, sino como **comunión.** Cambiar es colaborar con la inteligencia que mueve el cosmos, **dejarse guiar por la corriente profunda del ser.** Cuando el ego deja de resistirse y la consciencia confía, el cambio fluye sin dolor. No hay nada que temer, porque el cambio no destruye la identidad: **la expande.**

> *"La mariposa no traiciona a la oruga: la realiza."*

> *"El cambio interior no tiene meta, porque*
> *su meta es el movimiento mismo.*
> *Cada comprensión abre otra puerta, cada puerta conduce a más vida.*
> *No hay punto final en la evolución de la consciencia,*
> *solo un constante volver a empezar desde*

niveles más altos de amor.
Así como el universo se renueva en cada instante,
así también nosotros somos nuevos cada vez que elegimos comprender."

CAPÍTULO 10

Epílogo: El camino continúa

> *"Imaginar es permitir que el universo siga creando a través de nosotros."*

Quiero terminar recordando una verdad esencial: **el ser humano es la consciencia mediante la cual el universo se conoce a sí mismo.** Cada pensamiento, cada emoción, cada acto de atención consciente **abre una nueva posibilidad en la red infinita de la existencia.** Al imaginar, no escapamos del mundo: **lo ampliamos.** La mente creadora es el puente entre la energía y la forma, entre lo invisible y lo manifestado.

> *"Somos los seres que dan existencia y sentido a todo lo que nos rodea."*

Así como el agua refleja el cielo y el suelo simultáneamente, la consciencia humana refleja **el universo exterior y su propio interior.** Al comprender esto, entendemos que **no somos observadores aislados,** sino parte viva del proceso creador. La realidad que experimentamos no está fijada: **se reorganiza con cada comprensión.** Por eso, cuando cambiamos nuestra percepción, **el mundo entero cambia con nosotros.**

El cambio interior no termina nunca. No hay meta final, porque el alma no busca llegar, sino **evolucionar.** Cada paso de consciencia conduce al siguiente, y cada comprensión nos abre a nuevas dimensiones de **realidad**. El universo mismo parece seguir este movimiento: expansión, contracción, equilibrio, expansión otra vez. Así también nosotros, en cada ciclo de vida, **aprendemos, soltamos y volvemos a crear.**

> *"Siempre estaremos en camino.*
> *Siempre estaremos iniciando la siguiente revolución interior."*

La transformación no es un esfuerzo agotador, sino **un acto de disfrute**, un fluir confiado con la corriente de la vida. El universo, al moverse en espirales de complejidad creciente, **nos invita a vivir con asombro**, a aceptar que no hay errores, solo etapas de aprendizaje. En cada crisis hay una puerta, y en cada puerta, una oportunidad de despertar. El futuro no es algo que llega: **es algo que se genera desde el presente consciente.**

> *"Cambiar no es perder lo que somos, sino recordar lo que siempre hemos sido."*

Crear desde la consciencia

Te invito a **hacerte responsable de su poder creador.** No se trata de controlar el mundo, sino de participar en él desde la coherencia. El pensamiento, cuando se alinea con el corazón, **se convierte en una fuerza de organización.** De la misma manera que las partículas responden al observador, **la vida responde a la intención.** Cada vez que actuamos con amor, generamos orden; cada vez que actuamos desde el miedo, generamos confusión. El cambio interior es el arte de **transformar la reacción en creación.**

> *"La consciencia crea el mundo no con fuerza, sino con coherencia."*

Crear desde la consciencia implica también **revisar continuamente nuestro paradigma.** Toda realidad se apoya en un conjunto de creencias —una red invisible de significados— que, con el tiempo, debe renovarse. Cuando las creencias dejan de servir, **el universo nos empuja a actualizarlas.** Así surge un nuevo paradigma: una visión más amplia, más compasiva, más unificada.

> *"El universo no premia al que sabe, sino al que se atreve a ver de otra forma."*

El camino de la Holosofía

El cambio interior **no es un fin, sino una forma de ser.** No hay separación entre la vida y la consciencia, entre el creador y su creación. El universo es una escuela de transformación, y cada ser humano, **una lección viva en el libro infinito de la existencia.**

> *"El camino no* ***termina****, porque tú eres el camino."*

Y aquí quiero invitarte a que continuemos juntos este proceso de expansión a través del **camino de la Holosofía**, una visión integradora de la ciencia y la consciencia. Este viaje consiste en **identificar el paradigma actual**, comprender sus límites y transformarlo desde dentro. La Holosofía no es una doctrina ni una teoría, sino **una práctica de vida**, un entrenamiento para percibir el Todo en cada parte y el espíritu en cada forma.

> *"Cada vez que comprendemos algo con el corazón,*
> *el universo se vuelve un poco más consciente de sí."*

Este curso iniciático es **un viaje en treinta y seis etapas**, continuación natural del proceso iniciado en estas páginas. Su propósito busca que cada participante aprenda a crear su propio paradigma vital, comprobar su coherencia en el día a día y descubrir que **la realidad exterior cambia al ritmo de la consciencia interior, con el objetivo de disfrutar de una vida cada vez más plena.**

Espero que este recorrido haya sido de tu agrado, que haya encendido en ti la curiosidad, la emoción y el deseo de comprender. Por supuesto, todo este proceso no termina aquí, continúa en cada pensamiento, en cada mirada, en cada decisión. Por lo que te invito a seguir caminando juntos, a explorar la Holosofía como un arte de vivir y de amar la realidad. Que tengas un buen día, y que el universo te acompañe en cada nuevo renacer.

Si quieres profundizar más en los contenidos abordados en este libro, te invitamos a realizar el curso "Iniciación a la Holosofía" de la Universidad Viviente del Terreno:

https://www.universityofterrain.com/curso-online-iniciacion-a-la-holosofia

Sobre Paco Vinagre Benito

Físico, terapeuta, escritor y divulgador

Acabé la licenciatura en Ciencias Físicas, especialidad de Física Teórica en 1995 y empecé a trabajar como profesor de instituto, dejándolo dos años después al darme cuenta de que lo que me gustaba no era dar clase, sino hablar con los alumnos e intentar ayudarles con sus problemas, cosa que no supe hacer con efectividad

Posteriormente, compaginé un proyecto de tesis doctoral estudiando sistemas caóticos mediante redes neuronales artificiales, la creación de una empresa informática y la labor como profesor de Programación en la Universidad. Esto último tiene bastante poco que ver con los temas emocionales y de mejora personal, pero me fui dando cuenta de que lo que me atraía en mis actividades, era el trato con las personas y que sentía una curiosidad especial en conocer el porqué de los comportamientos de la gente y la posibilidad de servirles de ayuda. Por lo que empecé a trabajar en terapias integrativas con un enfoque lógico, sistemático y coherente, que he ido ampliando con conocimientos de medicina energética, Biodescodificación, PNL, tratamiento del trauma, Filosofía, Psicología, Neurología, Inteligencia Artificial, Antropología y experiencias con enteógenos. En este camino encontré la clave para elaborar un sistema de desarrollo terapéutico integral: Libertad Emocional;

que permite fusionar la visión racional occidental del mundo con la sabiduría espiritual ancestral, como la chamánica, y desvelar que todo el conocimiento sanador y de "magia" forma parte del mismo "manual de uso" del Ser Humano, recordándonos que somos "chispas divinas creadoras de realidad". También soy autor del libro "Libertad Emocional. Portal a una Nueva Vida". Un excelente primer paso para trascender el paradigma materialista en el que vivimos.

Made in United States
Orlando, FL
04 November 2026

90218356R00118